Diese Mitteilungen setzen eine von Erich Regener begründete Reihe fort, deren Hefte auf der vorletzten Seite genannt sind.

Das Max-Planck-Institut für Aeronomie vereinigt zwei Institute, das Institut für Stratosphärenphysik und das Institut für Ionosphärenphysik.

Ein (S) oder (I) beim Titel deutet an, aus welchem Institut die Arbeit stammt.

Anschrift der beiden Institute:

3411 Lindau

ZUR BREITENABHÄNGIGKEIT

ERDMAGNETISCHER PULSATIONEN

von

HANS VOELKER

Additional material to this book can be downloaded from http://extras.springer.com.

ISBN 978-3-540-03024-9   ISBN 978-3-662-30552-2 (eBook)
DOI 10.1007/978-3-662-30552-2

Inhaltsverzeichnis

1. Einleitung .... Seite 5
2. Das Induktionsvariometer nach Grenet 7
   - 2.1 Das Prinzip 7
   - 2.2 Die Bewegungsgleichungen der Galvanometerspule und des Variometermagneten ... 7
   - 2.3 Die Amplituden- und Phasenresonanzkurven 9
   - 2.4 Bestimmung der Apparatekonstanten 10
3. Der Aufbau der Pulsationsregistrierung 11
   - 3.1 Die Anforderungen an die Pulsationsregistrierung 11
   - 3.2 Die Eigenschaften der verwandten Variometer und Galvanometer. Resonanzkurven. 12
   - 3.3 Abschätzung instrumentell bedingter Fehler bei der komponentenweisen Registrierung erdmagnetischer Pulsationen 15
   - 3.4 Die Eichung der Pulsationsregistrierung 18
4. Ein Vergleich der in Wingst, Göttingen und Fürstenfeldbruck mit gleichen Instrumenten registrierten Pulsationen 18
   - 4.1 Die Notwendigkeit gleichartiger Instrumente 18
   - 4.2 Die Stationen 18
   - 4.3 Die Auswertung 19
   - 4.4 Das Verhalten der pt's 21
   - 4.5 Das Verhalten der Morgenpulsationen 25
     - a) Einzeleffekte 25
     - b) Die pc's 29
     - c) pc-artige Nachtpulsationen 35
     - d) Statistische Auswertung der pc-Beobachtungen 38
     - e) Vergleich der Ergebnisse mit den Beobachtungen und Deutungsversuchen anderer Autoren 42
5. Zusammenfassung und Schluß 46
   - Literaturverzeichnis 48
   - Anhang I Beispiel einer Pulsationsregistrierung der Station Göttingen 51
   - Anhang II Schlüsse von der Registrierung auf den wirklichen Verlauf der magnetischen Störungen 53

1. Einleitung

Als Pulsationen werden Schwankungen des erdmagnetischen Feldes mit Perioden zwischen ungefähr 5 sec und 500 sec bezeichnet. Einen Überblick über die Morphologie der Pulsationen gibt T. Watanabe [31]. Die gebräuchlichsten Methoden zur Registrierung erdmagnetischer Pulsationen beschreibt Thellier [29].

In Göttingen werden Pulsationen der H- und D-Komponente seit September 1952 mit von Angenheister [1] nach dem Grenet'schen Prinzip [6, 14] aufgebauten Instrumenten aufgezeichnet. Durch statistische Auswertungen dieser Registrierungen gewonnene Aussagen über das Verhalten der Pulsationen an der Station Göttingen werden von Angenheister und v. Consbruch [1, 2, 3] beschrieben; für die Pulsationen an der Station Wingst liegt eine ähnliche Arbeit von Theis [28] vor.

Ziel dieser Arbeit ist es, das Verhalten von Pulsationen zu untersuchen, die gleichzeitig an verschiedenen, entfernten Stationen auftreten. Dabei soll festgestellt werden, ob alle Pulsationen oder auch nur bestimmte Pulsationsformen an allen Stationen einen parallelen Schwingungsverlauf aufweisen, oder ob diese Schwankungen des Magnetfeldes an den verschiedenen Observatorien unabhängig sind. Von besonderem Interesse ist das Problem, ob die Pulsationsperioden von der geomagnetischen Breite abhängen oder nicht, eine Frage, die von verschiedenen Autoren bisher unterschiedlich beantwortet worden ist.

Da die Amplituden- und Phasenresonanzkurven der Registriereinrichtungen für Pulsationen eine Frequenzabhängigkeit zeigen, werden die erdmagnetischen Schwankungen in den Aufzeichnungen verzerrt wiedergegeben. Daher lassen sich nur solche Pulsationsregistrierungen direkt vergleichen, die durch Apparaturen mit gleichen Resonanzkurven gewonnen sind. An allen Stationen, deren Registrierungen hier verglichen werden sollen, werden die Pulsationen mit Geräten aufgezeichnet, die der neuen, ebenfalls nach der Grenet'schen Methode arbeitenden Göttinger Anlage gleichen. Der Aufbau dieser verbesserten Registriereinrichtung für Pulsationen der H-, D- und Z-Komponente wird in Kap. 3 dieser Arbeit beschrieben. Hierbei ergab sich die Aufgabe, die Induktionsvariometer mit passend ausgewählten Galvanometern zu einem System mit bestimmten vorgeschriebenen Eigenschaften zusammenzusetzen. Dazu werden in Kap. 2 die Amplituden- und Phasenresonanzkurven eines Grenet'schen Systems berechnet.

Bei den erwähnten Stationen handelt es sich um Wingst, Göttingen und Fürstenfeldbruck. Anfang 1960 wurde gleichzeitig mit der neuen Göttinger Anlage im Erdphysikalischen Observatorium der Universität München in Fürstenfeldbruck eine gleichartige Apparatur in Betrieb genommen; eine dritte derartige Pulsationsregistrierung läuft seit dem 1. Juni 1961 im Erdmagnetischen Observatorium des Deutschen Hydrographischen Institutes in Wingst/NE. Die Ergebnisse eines Vergleiches der an diesen Stationen gleichzeitig auftretenden Pulsationen werden in Kap. 4 dargestellt.

2. 2

Abb. 1

Abb. 2

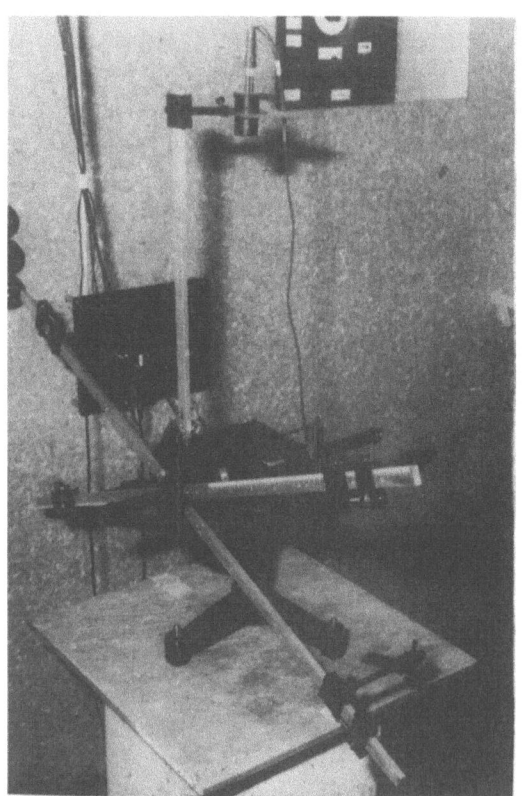

Abb. 3

Abb. 1: Ansicht eines Magnetometers zur Registrierung der H- oder D-Komponente. Das Kunststoffgehäuse verdeckt die Induktionsspule. In der Öffnung ist der Systemmagnet zu sehen, der in der Mitte der Spule mit Hilfe eines Torsionsfadens aufgehängt ist. Der Torsionsfaden ist am oberen Ende des Rohres befestigt.

Abb. 2: Ansicht des D-Variometers. Im Inneren der Helmholtzspule ist das D-Variometer mit den 4 Astasierungsmagneten und der Beleuchtungseinrichtung zur Orientierung des Systemmagneten zu erkennen.

Abb. 3: Ansicht des Z-Variometers. Hier wird der Magnet durch zwei gespannte Torsionsfäden in seiner Lage gehalten. Er kann Schwingungen um die durch die beiden Rohre gegebene horizontale Achse ausführen. Vorn sieht man das Kreuz mit den vier Astasierungsmagneten.

2. Das Induktionsvariometer nach GRENET

2.1 Das Prinzip

<u>Grenet</u> [14] gibt folgendes Prinzip zur Registrierung erdmagnetischer Pulsationen an:
Ein starker Magnet wird mit Hilfe eines Torsionsfadens in der Mitte einer Kreisspule drehbar aufgehängt. Magnetachse, Spulenachse und Drehachse stehen senkrecht aufeinander. Die Achse des Magnets liegt senkrecht zu der Komponente des erdmagnetischen Feldes, deren Schwankungen gemessen werden sollen. Eine Drehung des Magneten ändert den Kraftfluß in der Spule. Dadurch wird in der Spule ein Strom induziert, der über ein angeschlossenes Spiegelgalvanometer photographisch registriert wird. Die Abb. 1, 2, 3, zeigen Photographien der in Göttingen gebauten Magnetometer. Die Astasierungsmagnete erzeugen ein magnetisches Feld (beim D-Magnetometer schwächen sie die Horizontalintensität des erdmagnetischen Feldes bis auf den gewünschten Betrag), welches zusammen mit der Direktionskraft des Torsionsfadens den Magneten in der gewünschten Richtung hält. Damit die Astasierungsmagnete am Orte des Variometermagneten ein möglichst homogenes Feld erzeugen, sind sie auf einem Kreuz, dessen Arme einen spitzen Winkel von $\alpha = 42,6°$ bilden, parallel der Winkelhalbierenden von α angeordnet [18].

2.2 Die Bewegungsgleichungen der Galvanometerspule und des Variometermagneten

Um die Amplituden- und Phasenresonanzkurven des gekoppelten Systems Variometer - Galvanometer aufzustellen, benötigt man die Bewegungsgleichungen des Variometermagneten und der Drehspule des Galvanometers.
Die Bewegungsgleichung der Drehspule des Galvanometers lautet [22]:

$$\Theta_2 \frac{d^2 \vartheta}{dt^2} + \left(\rho_2 + \frac{G^2}{R} \right) \frac{d\vartheta}{dt} + D_2 \vartheta = G J_2$$

wobei Θ_2 ... Trägheitsmoment der Drehspule
ρ_2 ... Luftreibungskoeffizient
G ... dynamische Galvanometerkonstante
R ... Widerstand des gesamten Kreises
D_2 ... Richtmoment des Torsionsfadens
ϑ ... Winkelausschlag der Drehspule

bedeuten.
J_2 ist der im Variometer erzeugte Strom.
Setzt man

$$2\beta = \frac{1}{\Theta_2} \cdot \rho_2 + \frac{G^2}{R\Theta_2}; \qquad \frac{D_2}{\Theta_2} = \Omega_o^2,$$

so erhält man die Bewegungsgleichung der Galvanometerspule in der Form

$$\ddot{\vartheta} + 2 \cdot \beta \cdot \dot{\vartheta} + \Omega_o^2 \vartheta = \frac{G}{\Theta_2} J_2 \tag{1}$$

2.2

Zur Berechnung der Bewegungsgleichung des Variometermagneten werde das Variometer durch folgendes Modell beschrieben:

Ein Magnet mit dem magnetischen Moment M sei in der Mitte einer zweidimensionalen Kreisspule von n Windungen und der Fläche F senkrecht zur Spulenachse aufgehängt. Bei einer Änderung ΔH des magnetischen Feldes parallel der Spulenachse wirken folgende Drehmomente auf den Magneten:

1. Ein Moment N_M auf Grund der Feldschwankung ΔH

$$N_M = M \cdot \Delta H \cdot \cos \varphi$$

   φ ... Auslenkung des Magneten aus der Ruhelage

2. Ein Moment N_{L_1} infolge der Luftreibung. Es ist der Bewegung entgegengesetzt.

$$N_{L_1} = -\rho_1 \cdot \frac{d\varphi}{dt}$$

   ρ_1 ... Luftreibungskoeffizient

   Wenn eine zusätzliche Wirbelstromdämpfung eingebaut wird, setzt sich ρ_1 aus dem Luftreibungskoeffizienten und dem Koeffizienten der Wirbelstromdämpfung additiv zusammen.

3. Ein rücktreibendes, durch Fadentorsion und Rückstellkraft des magnetischen Feldes (z. B. der Horizontalkomponenten des Erdfeldes beim D-Variometer) bedingtes Drehmoment

$$N_{D_1} = -D_1 \varphi = -(\tau_1 \varphi + MF \sin \varphi) \tag{2}$$

   τ_1 ... Richtmoment des Torsionsfadens
   F ... Feldstärke der Komponente des magnetischen Feldes parallel der Magnetachse

4. Ein elektrisches Drehmoment N_{E_1} als Folge des in der Spule fließenden Stromes:

$$N_{E_1} = M H_J \cos \varphi$$

Die Feldstärke H_J in der Mitte einer stromdurchflossenen Kreisspule vom Radius r beträgt

$$H_J = \frac{1}{2} n \frac{J}{r} \qquad \text{(Giorgisches Maßsystem)}$$

Man erhält damit

$$N_{E_1} = \frac{n J M}{2 r} \cos \varphi = K \cdot J \cdot \cos \varphi ,$$

wobei

$$K = \frac{n}{2} \cdot \frac{M}{r} \qquad \text{als "dynamische Variometer-Konstante" definiert wird.}$$

J setzt sich aus zwei Strömen zusammen:

a) einem von außen (vom Galvanometer) gelieferten Strom J_1
b) einem in der Spule induzierten Strom J_2.

Nach dem Induktionsgesetz wird in der Variometerspule die Spannung U_i induziert

$$U_i = -\frac{d\Phi}{dt}$$

wobei Φ der Kraftfluß in der Spule ist, der durch den Magneten verursacht wird. Beschreibt man den Magneten als Dipol, so erhält man als Kraftfluß des um den Winkel φ aus der Ruhelage ausgelenkten Magneten durch die Spule

$$\Phi = \frac{1}{2} \frac{n M}{r} \sin \varphi .$$

In einer Kreisspule, in deren Mitte ein Magnet schwingt, wird also die Spannung

$$U_i = -\frac{n}{2} \frac{M}{r} \cos\varphi \frac{d\varphi}{dt} = -K \frac{d\varphi}{dt} \cos\varphi \quad \text{induziert.}$$

Da φ sehr klein ist, wird $\cos\varphi \approx 1$ gesetzt. Dann ergibt sich für J:

$$J = J_1 + J_2 = J_1 - \frac{K}{R} \cdot \frac{d\varphi}{dt}$$

Damit erhält man für das elektrische Drehmoment

$$N_{E_1} = K J_1 - \frac{K^2}{R} \frac{d\varphi}{dt}$$

Setzt man

$$\frac{1}{\Theta_1}\left(\rho_1 + \frac{K^2}{R}\right) = 2\alpha \quad (3) \quad ; \quad \frac{D_1}{\Theta_1} = \omega_o^2 \quad (4)$$

mit $\Theta_1 \ldots$ Trägheitsmoment des Magneten, so ergibt sich als Bewegungsgleichung des Magneten für kleine Auslenkungen φ

$$\ddot{\varphi} + 2\alpha\dot{\varphi} + \omega_o^2 \varphi = \frac{M}{\Theta_1} \cdot \Delta H + \frac{K}{\Theta_1} \cdot J_1$$

Der Strom J_1 wird in der Galvanometerspule induziert, er beträgt

$$J_1 = \frac{G}{R} \cdot \frac{d\vartheta}{dt}$$

Damit lautet die Bewegungsgleichung des Magneten:

$$\ddot{\varphi} + 2\alpha\dot{\varphi} + \omega_o^2 \varphi = \frac{M}{\Theta_1} \cdot \Delta H + \frac{KG}{\Theta_1 R} \dot{\vartheta} \quad (5)$$

2.3 Die Amplituden- und Phasenresonanzkurven

Das System Magnetometer - Galvanometer wird beschrieben durch die Differentialgleichungen (1) und (5), die durch die Glieder mit $\dot{\varphi}$ und $\dot{\vartheta}$ auf den rechten Seiten gekoppelt sind. Da nur der Winkelausschlag ϑ des Galvanometerspiegels interessiert, wird φ aus den Gleichungen eliminiert. Man erhält

$$\vartheta^{IV} + (2\alpha + 2\beta)\vartheta^{III} + \left(\omega_o^2 + \Omega_o^2 + 4\alpha\beta - \frac{K^2 G^2}{\Theta_1 \Theta_2 R^2}\right)\vartheta^{II} + \ldots$$

$$+ (2\alpha \cdot \Omega_o^2 + 2\beta \omega_o^2)\vartheta^I + \omega_o^2 \Omega_o^2 \vartheta = \frac{MKG}{\Theta_1 \Theta_2 R} \cdot \frac{d}{dt}\Delta H.$$

Es wird ΔH als sinusförmige Schwankung des Magnetfeldes angenommen:

$$\Delta H = \Delta H_o \sin\omega t$$

und folgender Lösungsansatz gemacht:

$$\vartheta = X \cos(\omega t + \delta),$$

wobei X der maximale Ausschlag des Galvanometerspiegels in Winkeleinheiten und $90^\circ + \delta$ der Phasenwinkel ist, um den der Ausschlagwinkel ϑ der Feldschwankung ΔH vorauseilt. Es ergibt sich dann für den maximalen Winkelausschlag des Galvanometerspiegels

$$X = \frac{C \omega \Delta H_o}{\sqrt{(\omega^4 - b\omega^2 + d)^2 + (\omega^3 a - c\omega)^2}} \qquad (6)$$

und für

$$\mathrm{tg}\,\gamma = \frac{a\omega^3 - c\omega}{\omega^4 - b\omega^2 + d}$$

Durch die Apparatekonstanten

$$a = 2\alpha + 2\beta$$
$$b = \omega_o^2 + \Omega_o^2 + 4\alpha\beta - \frac{K^2 G^2}{\Theta_1 \Theta_2 R^2}$$
$$c = 2\alpha \cdot \Omega_o^2 + 2\beta \cdot \omega_o^2$$
$$d = \omega_o^2 \Omega_o^2$$
$$C = \frac{M K G}{\Theta_1 \Theta_2 R}$$

ist der Verlauf der Resonanzkurven dann bestimmt.

2.4 Bestimmung der Apparatekonstanten

Aus den von den Firmen angegebenen Baudaten der Galvanometer lassen sich die hier benötigten Größen berechnen [22].

Die Baugrößen des Variometers werden experimentell bestimmt, soweit sie nicht bekannt sind, wie z.B. das magnetische Moment des Variometermagneten, sein Trägheitsmoment und der Innenwiderstand der Spule.

1. Bestimmung des Luftreibungskoeffizienten.
   Es gilt

$$2\alpha = \frac{1}{\Theta_1}\left(\rho_1 + \frac{K^2}{R}\right)$$

Bei offenem Stromkreis, also Kreiswiderstand $R = \infty$, ergibt sich

$$\frac{\rho_1}{2\Theta_1} = \alpha = \frac{\Lambda}{T} \approx \frac{\Lambda}{T_o} \quad , \text{ wobei}$$

T die Schwingungsdauer des Magneten bei reiner Luftreibung ist (wegen der Kleinheit der Luftreibung kann man sie ungefähr gleich der Schwingungsdauer T_o ohne Reibung und Dämpfung setzen).
Λ ist das logarithmische Dekrement. Es gilt $e^\Lambda = k = \frac{\varphi_n}{\varphi_{n+1}}$, wobei φ_n und φ_{n+1} zwei aufeinanderfolgende Winkelausschläge des Magneten zur gleichen Seite hin sind. Das Verhältnis k und die Schwingungsdauer T lassen sich messen, und damit läßt sich ρ_1 bestimmen.

2. Bestimmung des Richtmomentes der Fadentorsion τ_1. Aus (4) folgt

$$\tau_1 = \frac{4\pi^2 \Theta_1}{T_o^2} - M \cdot F$$

Ohne Astasierung wirkt beim Variometer in D-Stellung die Horizontalkomponente H des erdmagnetischen Feldes als rückstellendes Feld F. Wenn man T_o mißt, kann man aus den Größen der rechten Seite τ_1 bestimmen.

3. Bestimmung der dynamischen Variometerkonstanten K.

Zunächst ist es möglich, K aus der Definitionsgleichung zu berechnen. Hierbei ist jedoch vorausgesetzt, daß es sich um eine flache, kreisförmige Spule handelt. Die Feldstärke wird nur für die Spulenmitte berechnet, während der Magnet einen weitaus größeren Bereich ausfüllt. Die vorliegende Spule hat eine Länge von 5 cm, sie ist nicht streng kreisförmig, und da mehrere Lagen gewickelt sind, ist ein genauer Radius nicht anzugeben. Man kann also nur erwarten, daß K größenordnungsmäßig nach der Formel zu berechnen ist. Deshalb wurde der Wert von K experimentell bestimmt.

Nach (3) gilt $\alpha = \frac{1}{2\Theta_1}(\rho_1 + \frac{K^2}{R}) = \frac{\Lambda}{T}$.

Man schaltet verschiedene Widerstände R ($R > R_{agr}$ des Variometers) in den Kreis ein und mißt die dazu gehörigen Werte T. Trägt man dann $\frac{\Lambda}{T}$ über $1/R$ auf, so erhält man eine Gerade, deren Steigung $\frac{K^2}{2\Theta_1}$ ergibt. Gleichzeitig erhält man $\frac{\rho_1}{2\Theta_1}$ als Ordinatenabschnitt für $1/R = 0$, d.h. für $R = \infty$.

3. Der Aufbau der Pulsationsregistrierung

3.1 Die Anforderungen an die Pulsationsregistrierung

Im folgenden soll versucht werden, das System Galvanometer - Variometer so zusammenzusetzen, daß man geeignete Resonanzkurven erhält. Dazu muß man sich zunächst über die Anforderungen an die Pulsationsregistrierung klar werden. Die zu erfüllenden Bedingungen sind etwa diese:

1. Die Registrierung muß eine genügend große Empfindlichkeit für erdmagnetische Schwankungen von etwa 2 sec Periode bis zu 10 min Periode aufweisen.

Da die Amplituden der natürlichen Pulsationen stark mit ihrer Periode zunehmen (Angenheister [1], Duffus und Shand [8]), wäre es unzweckmäßig für den gesamten Meßbereich die gleiche Empfindlichkeit einzustellen. Angenheister gibt für Pulsationen der Station Göttingen folgenden Zusammenhang zwischen Periode T und Amplitude A:

$$A \sim T^\alpha \text{ mit } \alpha \text{ wenig kleiner als } \underline{1}.$$

Deshalb ist es angebracht, die Empfindlichkeit der Apparatur für kürzere Perioden größer zu machen, also etwa $\varepsilon \sim 1/T$ zu wählen.

Die Empfindlichkeit wird nach oben durch die Breite des Registrierstreifens und durch die Amplituden der vorkommenden Pulsationen begrenzt. Bei einer Gesamtbreite des Registrierstreifens von 20 cm, der mit Hilfe eines Schneckengetriebes 12 Umdrehungen pro Tag macht, stehen für die Spuren der drei Komponenten H, D, Z insgesamt 1,7 cm Filmbreite zur Verfügung. Es hat sich bewährt, die höchste Empfindlichkeit für Pulsationen mit etwa 12 sec Periode auf ca. 3,5 mm/γ und für Pulsationen mit 5 Min. Periode auf etwa 0,5 mm/γ festzusetzen. Bei größerer Empfindlichkeit für lange Perioden würden die Spuren durcheinanderlaufen; außerdem würden die Pulsationen höherer Frequenz nur als "Reiterchen" den Störungen längerer Perioden überlagert und daher schlecht auszuwerten sein.

2. Durch die Größe des Papiervorschubes wird die kleinste noch auflösbare Periode bestimmt. Bei 6 mm Vorschub/min ist eine Periode von etwa 5 sec gerade noch genauer auszuwerten, wenn man annimmt, daß man 12 Schwingungen pro Minute noch in Einzelheiten auflösen kann.

3. Die Empfindlichkeit des Systems soll sich auch bei größeren, längerperiodischen Störungen nicht wesentlich ändern. Aus Gleichung (4) erhält man (vgl. S. 17)

$$T_o^2 = \frac{4\pi^2 \Theta_1}{\tau_1 + MF}$$

(F in Richtung der Magnetachse)
Ist durch hohe Astasierung F stark geschwächt (T_o groß) und tritt eine stärkere Störung des erdmagnetischen Feldes ein, so kann diese Störung unter Umständen F erheblich ändern. Damit wird auch T_o und somit die Empfindlichkeit verändert. Ist dagegen F groß (T_o klein), so verändert die Störung das Gesamtfeld und somit auch die Empfindlichkeit wenig. Es muß also T_o möglichst klein gemacht werden, d.h. es darf nur wenig astasiert werden.

4. Es sollen keine großen Resonanzspitzen in der Amplitudenresonanzkurve vorkommen. Dies wird z.T. durch zusätzliche Wirbelstromdämpfung erreicht.

5. Da die Pulsationsregistrierung als Dauerregistrierung gedacht ist, wird eine gewisse Stabilität und Robustheit der Instrumente gefordert. Man muß deshalb Galvanometer mit guter Nullpunktkonstanz und geringer Temperaturabhängigkeit verwenden.

3.2 Die Eigenschaften der verwandten Variometer und Galvanometer. - Resonanzkurven

Die technischen Daten und Apparatekonstanten sind experimentell bestimmt worden (nach 2.4) für das H-Variometer der Göttinger Anlage; da die anderen Variometer entsprechend gebaut sind, werden ihre Baugrößen nur geringfügig von den hier angegebenen Werten abweichen. Für die benutzten Variometer gilt:

Torsionsfaden beim H- und D-Variometer: Messing
Durchmesser d = 72 µ ; Länge l = 180 mm
Richtmoment des Torsionsfadens τ_1 = 1,1 · 10^{-5} Newton m
Beim Z-Variometer halten zwei Spanndrähte aus Stahl (je 180 mm lang, Durchmesser 0,20 mm) den Magneten in seiner Lage.

Systemmagnet
Länge l = 65 mm
Durchmesser d = 10 mm
Magnetisches Moment M = 4400 Γ cm^3 = 5,5 · 10^{-6} Volt· sec· m
Trägheitsmoment = 2,1 10^{-5} kg m^2
Schwingungsdauer im Erdfeld H = 0,18 Γ ohne Astasierung T_o = 3 sec.

Variometerspule
Mittlerer Spulenradius r = 6 cm
Anzahl der Windungen aus Kupferdraht n = 3600
Drahtdurchmesser d = 0,6 mm
Innenwiderstand R_v = 67 Ω

Astasierungsmagnete
Magnetisches Moment M = 1100 Γcm^3 = 1,4 10^{-6} V·sec·m

Dynamische Magnetometerkonstante
K = 2,1·10^{-1} Volt·sec

Dämpfung: Es wurde eine zusätzliche Wirbelstromdämpfung mit $\alpha \approx 1$ sec^{-1} eingebaut (Abb. 4). Hiergegen ist die Luftreibung zu vernachlässigen.

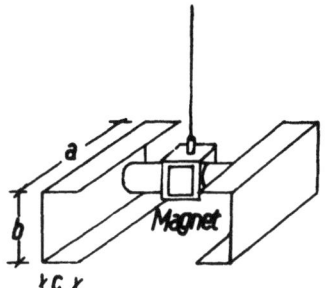

Abb. 4

Wirbelstromdämpfung
Abmessungen der Dämpfungsbleche:
a = 60 mm
b = 23 mm
c = 15 mm
Material: Kupferblech 0,5 mm stark

Es wurden die Amplitudenresonanzkurven für das Variometer, gekoppelt mit verschiedenen Galvanometern, berechnet. Dabei zeigte sich, daß das auf T_o = 4 sec astasierte Variometer zusammen mit dem Galvanometer "Ruhstrat KSG 6 ähnlich" die Anforderungen von 3.1 am besten erfüllt. Die Daten dieses dann verwendeten Galvanometers lauten:

Galvanometer "Ruhstrat KSG 6 ähnlich"
Schwingungsdauer T_G = 1,9 sec
Innenwiderstand R_i = 60 Ω
aperiodischer Grenzwiderstand R_{agr} = 610 Ω
Stromempfindlichkeit C_i = 9,7 · 10^{-9} $\frac{Amp}{mm/m}$
Spannungsempfindlichkeit C_u = 6 · 10^{-6} $\frac{Volt}{mm/m}$
dynamische Galvanometerkonstante G = 7,7 · 10^{-3} Volt · sec
Lichtarm 2 m

Die berechneten Amplituden- und Phasenresonanzkurven des auf 4 sec astasierten Variometers gekoppelt mit dem Galvanometer "Ruhstrat KSG 6 ähnlich" bei einem Lichtarm von 2 m sind in Abb. 5 und Abb. 6 dargestellt.

3.2

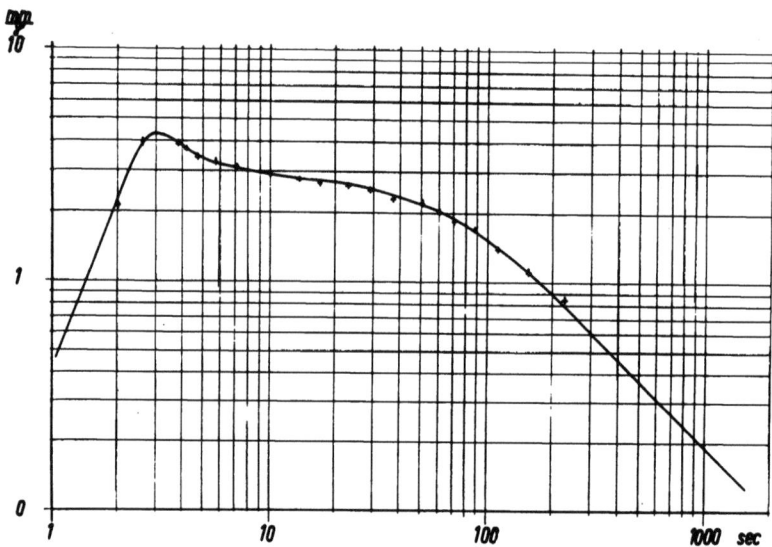

Abb. 5: Amplitudenresonanzkurve des auf 4 sec astasierten Variometers mit dem Galvanometer "Ruhstrat KSG 6 ähnlich"
—— berechnet   + gemessen

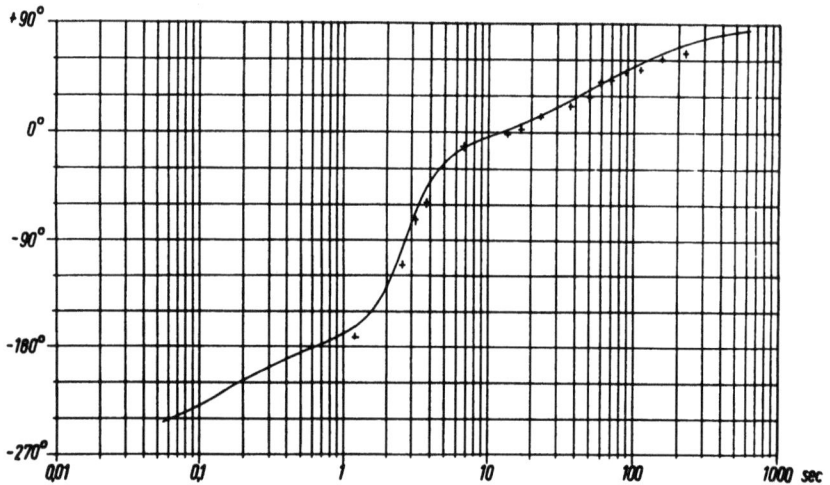

Abb. 6: Phasenresonanzkurve des auf 4 sec astasierten Variometers mit dem Galvanometer "Ruhstrat KSG 6 ähnlich"
—— berechnet   + gemessen

Die experimentell aufgenommenen Eichwerte wurden als Kreuze in die Diagramme eingezeichnet. Man sieht, daß die berechneten und gemessenen Werte sehr gut übereinstimmen. Für den Ausschlag X des Galvanometerspiegels ergibt sich mit den Apparatekonstanten der benutzten Instrumente für Perioden über 250 sec nach Gleichung (6):

$$X = \frac{M K G \omega \cdot \Delta H_0}{\Theta_1 \Theta_2 \Omega_0^2 \omega_0^2}$$

Die Empfindlichkeit fällt also bei langen Perioden mit $1/T$ ab. Für Schwingungen mit $T < 1$ sec folgt aus Gleichung (6) ein Anstieg der Empfindlichkeit mit T^3. Die Phasenresonanzkurve zeigt, daß für sehr lange Perioden die Phasenverschiebung $+90°$ beträgt, d.h., daß die Pulsationsregistrierung für langperiodische Störungen die Ableitung des wirklichen Verlaufs wiedergibt. Insgesamt ändert sich der Phasenwinkel über $360°$. Die zu registrierenden Pulsationen haben im allgemeinen aber Perioden zwischen 20 und 100 sec, in diesem Bereich ändert sich der Phasenwinkel nur um etwa $40°$.

3.3 Abschätzung instrumentell bedingter Fehler bei der komponentenweisen Registrierung erdmagnetischer Pulsationen

Die komponentenweise registrierten Pulsationen können durch folgende hier abzuschätzende Fehler verfälscht sein:

a) Da die drei Variometer zur Registrierung der H-, D- und Z-Komponente in demselben Raum untergebracht sind, könnten sich die Instrumente gegenseitig beeinflussen. So wird sich das Magnetfeld ändern, das der Magnet des einen Variometers am Orte der anderen Variometer erzeugt, wenn dieser Magnet bei einer magnetischen Störung ausgelenkt wird; die anderen Variometer werden die ihnen entsprechenden Komponenten dieser Feldänderung registrieren. Um diese gegenseitige Beeinflussung weitgehen zu verhindern, wurden Variometer in gegenseitigen Abständen von über 2 m aufgebaut.

Die gegenseitige Beeinflussung bei dieser Anordnung der Instrumente wurde experimentell überprüft. Eine starke Störung von 200 γ in einer Komponente würde den Magneten des Variometers für diese Komponente um $1°$ auslenken (vgl. 3.3 c). Durch Veränderung der Fadentorsion wurde der Magnet eines Variometers periodisch um diese Winkel ausgelenkt (Periode etwa 4 min, da dies etwa die Zeit des Feldanstiegs beim ssc ist) und der Einfluß auf die Registrierung der anderen Komponenten beobachtet. Dabei zeigte sich, daß diese Auslenkung des einen Magneten die Registrierung der anderen Komponenten nicht merklich beeinflußt.

b) Bei der Registrierung sollen die Komponenten der Pulsationen in D-, H- und Z-Richtung getrennt aufgezeichnet werden. Es ist nötig, die Variometermagnete genau in die gewünschte Richtung auszurichten, da ein Abweichen von dieser Lage eine Empfindlichkeit des Variometers für magnetische Störungen in den anderen Komponenten bedingt.

Die Variometer wurden nach folgender Methode ausgerichtet: Ein Kompaß wird in das Innere einer Helmholtzspule (hier der Eichspule) gebracht. Fließt in der Spule kein Strom, so wird sich die Kompaßnadel in Nordrichtung einstellen. Erzeugt man dann mit der Helmholtzspule ein Gegenfeld vom p-fachen Betrag ($p > 1$) der Horizontalintensität H, so wird sich die Kompaßnadel um

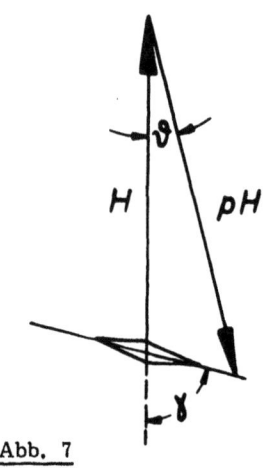

Abb. 7

genau 180° drehen, wenn die Spulenachse Nord-Südrichtung hat. Kleine Abweichungen der Spulenachse von der Nord-Südrichtung werden größere Auslenkungen der Magnetnadel aus dieser Richtung bewirken, wenn p nur wenig größer als 1 gewählt wird. Zwischen den Winkeln besteht die Beziehung (Abb. 7)

$$\text{tg}\,\gamma = \frac{p\,\sin\vartheta}{p\,\cos\vartheta - 1}$$

Die Helmholtzspule wird so lange gedreht, bis keine Abweichung der Magnetnadel von der Südrichtung mehr feststellbar ist; dann ist die Spule sicher auf $\pm\,0,5°$ ausgerichtet, da eine Drehung der Spule um $0,5°$ noch sehr deutlich an der Auslenkung der Kompaßnadel zu erkennen ist. Steht dann die Spule in Nord-Südrichtung, so wird das Variometer hineingesetzt und in der Helmholtzspule ein Feld erzeugt, welches etwas schwächer als H ist. Mit einem Umschalter kann dieses Feld von der Horizontalintensität subtrahiert oder dazu addiert werden. Hängt der Magnet genau in Nord-Südrichtung, so wird er bei den Umschaltungen nicht ausgelenkt. Im allgemeinen wird aber das Gehänge vortordiert sein und die Lage des Magnets daher von der Nordrichtung abweichen; dann ändert man die Fadentorsion so lange, bis der Magnet bei Feldumpolungen keine Ausschläge mehr zeigt. Nach dieser Methode wurden die Variometermagneten auf $\pm\,1°$ ausgerichtet. Bei dieser Abweichung eines Variometers von der vorgeschriebenen Richtung werden die Störungen in einer anderen Komponente nur zu 1,8 % mitregistriert (z.B. würde das H-Variometer 1,8 % der Amplitude der Pulsationen in D mitregistriert). Dadurch werden die Meßergebnisse jedoch nur unwesentlich verfälscht.

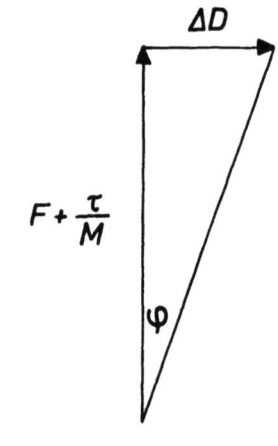

Abb. 8

c) Störungen in den anderen Komponenten können die Registrierung einer Komponente verändern. Im folgenden wird das D-Variometer als repräsentativ für alle Variometer betrachtet.

Der Magnet wird durch das Richtmoment des Magnetfeldes M·F und der Fadentorsion in der normalen Richtung gehalten. Kommt jetzt eine Störung ΔD dazu, so wird der Magnet um den Winkel ausgelenkt.

Nach Abb. 8 ergibt sich

$$\text{tg}\,\gamma = \frac{\Delta D}{F + \dfrac{\tau}{M}}$$

Ist der Magnet ausgelenkt, so wirken auch Störungen in Richtung der ursprünglichen Magnetachse auf ihn. Das D-Variometer würde bei einer Auslenkung um φ von einer Störung ΔH den Teil f

$$f = \Delta H \cdot \sin\varphi$$

mitregistrieren.

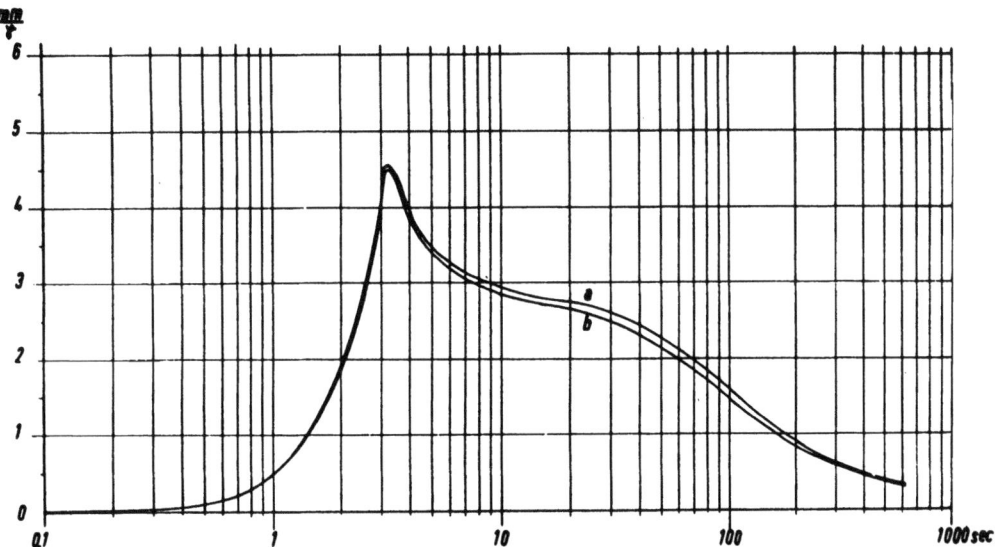

Abb. 9: Amplitudenresonanzkurven des Systems bei längerdauernden Störungen in F von +600 (Kurve b) und -600 (Kurve a)

Die folgende Tabelle zeigt den Einfluß von D-Störungen auf die Winkelauslenkungen und den prozentualen Anteil von ΔH der vom D-Variometer mitregistriert wird.

ΔD	φ	$\dfrac{f}{\Delta H}$
50 γ	0,3 °	0,5 %
100 γ	0,5 °	0,9 %
200 γ	1 °	1,8 %
300 γ	1,4 °	2,4 %
400 γ	1,9 °	3,3 %
500 γ	2,4 °	4,2 %
600 γ	2,9 °	5,1 %

Selbst bei sehr starken magnetischen Schwankungen wird also die Aufzeichnung einer Komponente nur wenig durch den Störungsverlauf der anderen Komponenten beeinflußt.

d) Durch längerperiodische Schwankungen kann die Empfindlichkeit des Systems verändert werden. Die Abschätzung dieses Fehlers wird für das H-Variometer durchgeführt, gilt aber in gleicher Weise auch für die anderen Instrumente.

Aus Gleichung (4) folgt die Abhängigkeit der Schwingungsdauer T_o des Magneten, und damit der Empfindlichkeit, vom Felde F (F $\perp$ Δ H). Wird nun F durch eine Störung ΔF vergrößert oder verkleinert, so ändert sich T_o und damit die Resonanzkurve. Abb. 9 zeigt die Resonanzkurven des Systems bei Störungen von +600 γ (Kurve b) und -600 γ (Kurve a) in Richtung von F. Man sieht, daß der Einfluß starker langperiodischer Störungen auf die Empfindlichkeit nur klein ist. Für lange Pulsationsperioden ist die Empfindlichkeit $\sim T_o^2$ des Magnets. Bei einer langperiodischen Störung von ΔF = +100 γ wird die Empfindlichkeit nur um 1 % herabgesetzt.

3.4 Die Eichung der Pulsationsregistrierung

Die Eichung der Instrumente erfolgt durch ein künstliches Wechselfeld mit Perioden von 0,1 sec bis 200 sec, welches in einer Helmholtzspule (s. auch Abb. 1 und 2) mit zwei Windungen und einem Radius von 30 cm am Orte der Variometer durch die Ströme eines Tieftongenerators erzeugt wird. Die Ströme des Tieftongenerators werden durch das Schnellschwingspiegelgalvanometer "Ruhstrat DSG 15" registriert. Das Schnellschwinggalvanometer ist so geshuntet, daß im Eichbereich die Stromempfindlichkeit frequenzunabhängig (auf 1 %) ist und die Phasenverschiebung zwischen Ausschlag des Galvanometerspiegels und Strom nicht größer als $0,7°$ ist. Zeichnet man den so registrierten Spulenstrom und die Auslenkungen der Galvanometer des Grenet'schen Systems nebeneinander auf den gleichen Filmstreifen auf, so kann man aus den Verschiebungen der Schwingungen gegeneinander die Phasenverschiebung entnehmen und durch Amplitudenvergleich die Empfindlichkeit bestimmen. Diese Auswertung ist für jede vorgegebene Periode gesondert vorzunehmen.

4. Ein Vergleich der in Wingst/NE, Göttingen und Fürstenfeldbruck mit gleichen Instrumenten registrierten Pulsationen

4.1 Die Notwendigkeit gleichartiger Instrumente

Wie man aus den Amplituden- und Phasenresonanzkurven (Abb. 5 und 6) ersieht, werden die magnetischen Störungen unterschiedlicher Frequenz vom Grenet'schen System mit verschiedener Empfindlichkeit und Phasenverschiebung aufgezeichnet. Dadurch werden die wirklichen Störungen in der Registrierung verzerrt wiedergegeben. Auch die anderen zur Registrierung gebräuchlichen Methoden [29], z.B. eine Induktionsspule mit angeschlossenem Galvanometer, geben die Störungen verzerrt wieder.

Will man die Registrierungen verschiedener Stationen mit unterschiedlichen Geräten vergleichen, so muß man zunächst einmal mit Hilfe der Resonanzkurven auf den wirklichen Störungsverlauf schliessen, d.h. eine Fourieranalyse des zu vergleichenden Effektes machen, alle harmonischen Koeffizienten entsprechend den Resonanzkurven bewichten und dann wieder durch eine Fouriersynthese zur wirklichen Störung zusammensetzen.

Haben die Apparate der verschiedenen Stationen die gleichen Resonanzkurven, so lassen sich die Registrierungen direkt, ohne Berücksichtigung der Phasenverschiebungen und Empfindlichkeiten, vergleichen.

4.2 Die Stationen

Seit Februar 1960 werden erdmagnetische Pulsationen mit den in Kap. 3 beschriebenen Instrumenten im Erdphysikalischen Observatorium der Universität München in Fürstenfeldbruck und im Geophysikalischen Institut der Universität Göttingen registriert. Seit Anfang Juni 1961 läuft eine gleichartige Registrieranlage im Erdmagnetischen Observatorium des Deutschen Hydrographischen Institutes in Wingst/Niederelbe. Die folgende Tabelle gibt die geomagnetischen Koordinanten der drei Stationen:

Station	Symbol	geomagn. Breite	geomagn. Länge	Entfernung
Wingst	Wn	$\phi = 54,6°$	$\Lambda = 94,0°$	260 km
Göttingen	Gt	$\phi = 52,3°$	$\Lambda = 93,7°$	390 km
Fürstenfeldbruck	Fu	$\phi = 48,9°$	$\Lambda = 92,4°$	

An allen drei Stationen werden die Pulsationen mit gleichartigen Instrumenten getrennt und in den drei Komponenten H, D und Z photographisch aufgezeichnet. Der Filmvorschub beträgt 36 cm/h. Als repräsentative Resonanzkurven für alle Instrumente können die Eichkurven der Abb. 5 und 6 gelten.

4.3 Die Auswertung

Im folgenden werden Pulsationsregistrierungen dieser drei Stationen verglichen. Es soll untersucht werden, ob bestimmte Pulsationstypen gleichzeitig auftreten und gleichartig oder verschieden ablaufen.

Um die Registrierungen direkt vergleichen zu können, werden die gleichen Komponenten der drei Orte in dem zu betrachtenden Zeitintervall so übereinandergelegt, daß sich die entsprechenden Zeitmarken der Stationen etwa überlappen. Durch den nicht immer ganz gleichmäßigen Vorschub der Registriertrommeln und durch ungleichmäßiges Dehnen des Filmstreifens beim Entwickeln und anschließenden Trocknen sind die Abstände der Zeitmarken etwas variabel. Bei den noch zu besprechenden Beispielen wurden die Registrierungen so übereinandergelegt, daß sich die Zeitmarken der drei Stationen etwa in der Mitte des betrachteten Intervalles decken. Die Uhren geben Minuten- und Stundenmarken. Diese werden durch Vergleich mit dem Rundfunkzeitzeichen allmorgendlich überprüft und danach korrigiert. Dennoch kann eine mögliche geringfügige Parallaxe zwischen Registrierspur und Zeitmarke bewirken, daß die Zeitmarken an den drei Stationen einen etwas (höchstens ± 3 sec) verschiedenen Zeitpunkt markieren. Man darf deshalb z. B. aus einem geringfügigen Voreilen einer Registrierspur von denen der anderen Stationen nicht unbedingt auf ein früheres Auftreten der Störung an diesem Ort schließen.

Die Registrierkurven sind in den Beispielen so aufgetragen, daß für Störungen mit Perioden über 12 sec eine Auslenkung der Spur nach oben eine Zunahme der magnetischen Feldstärke, ein Ausschlag nach unten eine Abnahme der Feldstärke anzeigt. Die Abstände der Minutenmarken auf den Originalregistrierungen von Göttingen und Fürstenfeldbruck betragen 6 mm. In Wingst wird alle 5 Minuten eine Zeitmarke eingeblendet, diese Marken haben dort einen Abstand von 30 mm.

Es fragt sich nun, wie weit die Form und vor allen Dingen die Perioden der Pulsationen durch die Resonanzeigenschaften der Apparatur verändert werden. Um diese Frage zu beantworten, wurden einige typische Effekte aus den Pulsationsregistrierungen harmonisch analysiert, die erhaltenen harmonischen Koeffizienten entsprechen den Resonanzkurven bewichtet und dann zur wirklichen Störung zusammengesetzt (Anhang II). Dabei zeigte sich, daß annähernd harmonische Störungen, wie pt's und pc's, vom Grenet'schen System ungefähr formgetreu wiedergegeben werden. Insbesondere werden die Perioden nicht verändert. Die Amplituden der pc's und pt's kann man mit Hilfe der Amplitudenresonanzkurven recht genau angeben. Stark anharmonische Störungen, wie z. B. ssc's, werden jedoch durch die Registrierung stark verzerrt wiedergegeben. Über die Amplituden dieser Störungen kann man nur qualitative Aussagen machen (s. Anhang II).

Der folgende Vergleich beschränkt sich auf die Pulsationen in der H- und D-Komponente der drei Stationen. Die Z-Komponente wurde nicht mit berücksichtigt, da ihr Aussehen besonders stark durch die z. T. unterschiedliche Leitfähigkeit des Untergrundes der verschiedenen Stationen geprägt wird [26].

4.3

Es scheint so, daß in Wingst und Göttingen die Pulsationen der Z-Komponente weitgehend mit denen in der D-Komponente parallel laufen. Das Amplitudenverhältnis gleichzeitiger Pulsationen in D zu denen in Z beträgt in Göttingen etwa 3:1; in Wingst etwa 10:1.

Betrachtet man den Registrierstreifen eines leicht gestörten Tages (siehe Anhang I, Seite 51), so bietet sich das folgende charakteristische Bild:

Am Morgen, etwa vom Sonnenaufgang (im Beispiel gegen 3^{30}h UT) an bis in die frühen Nachmittagsstunden, bestimmen die "pc's" das Aussehen des Registrierstreifens. Als "pc's" (continuous pulsations) bezeichnet man die Morgenpulsationen, deren regelmäßige Schwingungen mit Perioden von ca 20-40 sec mehrere Stunden lang mit einer gewissen Kontinuität auftreten. Häufig haben die "pc's" die Form einer Schwebung (im Beispiel gegen 8^{00}h und gegen 11^{45}h UT).

Gegen Nachmittag läßt die Pulsationstätigkeit nach. Jetzt und in der Nacht bestimmen einzelne Wellenzüge mit Amplituden von einigen γ, die "pt's", das Bild. Unter "pt's" (pulsation trains) versteht man Wellenzüge, die im allgemeinen nicht länger als 10-20 min anhalten; die Perioden ihrer Pulsationen liegen zwischen 40 sec und 120 sec. Die "pt's" haben oft die Form einer gedämpften Schwingung (im Beispiel gegen 17^{30}h UT). Nach <u>Angenheister</u> [1] treten die pt's in den Nachmittags- und Nachtstunden auf, mit einem Häufigkeitsmaximum kurz vor Mitternacht. Häufig sind sie dem Beginn einer Baystörung überlagert.

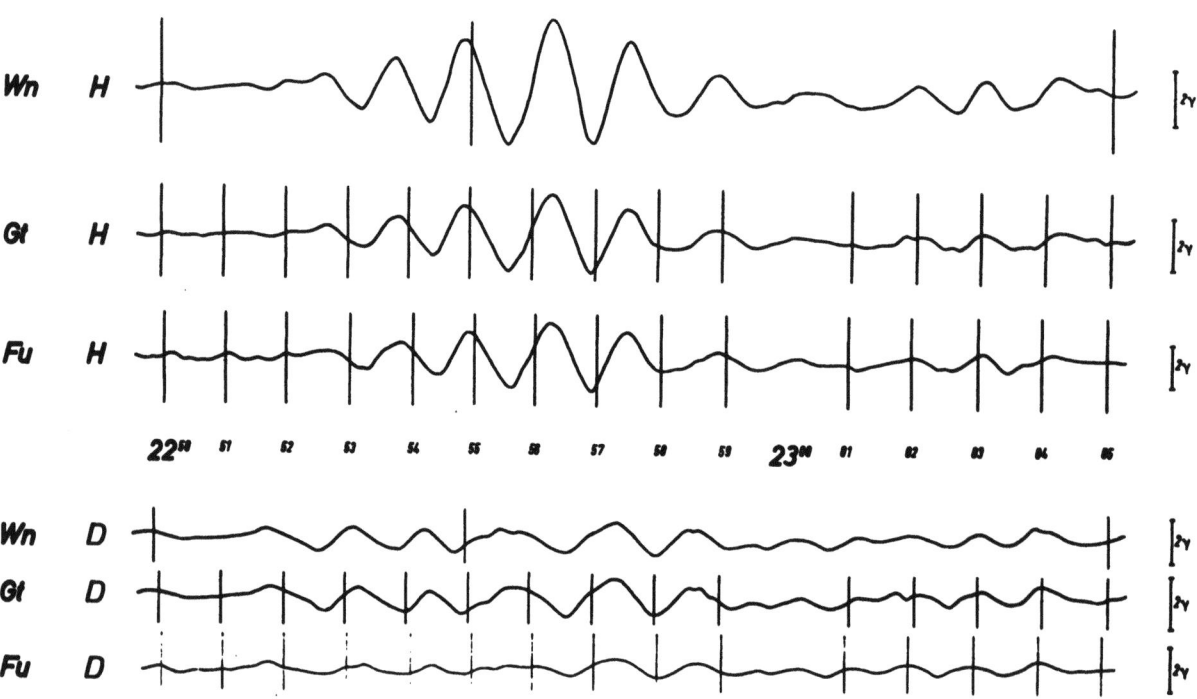

1961. Juni. 29.

Abb. 10

4.4 Das Verhalten der pt's

Zunächst einmal wird das Verhalten der pt's an Hand einiger typischer Effekte in den Abb. 10 bis 13 betrachtet.

Abb. 10 zeigt einen sehr regelmäßigen pt während einer magnetisch ruhigen Zeit (Kp = 2 -) [4], der in der H-Komponente die Form einer Schwebung hat. Die Periode der Pulsationen in der H-Komponente beträgt 75 sec. Sowohl in der H- als auch in der D-Komponente ist der Störungsverlauf an allen drei Stationen gleich. Die Amplitude der H-Komponenten nimmt nach Süden hin ab, während die D-Komponente in Göttingen im Vergleich zu denen in Wingst und Fürstenfeldbruck zu groß erscheint.

Auch der pt vom 4. August 1961 gegen 20^{40}h UT (Abb. 11) mit großen Amplituden in H (ΔH_{Wn} = 9,3 γ) und D (ΔD_{Wn} = 6,3 γ) zeigt wieder vollkommenen Gleichlauf in den drei Orten. Selbst die kleinen überlagerten Störungen sind an drei Stationen gleich. Hier nimmt ebenfalls die Amplitude der Pulsationen in der D- und H-Komponente nach Süden hin ab, doch auch hier ist die Amplitude der D-Komponente in Göttingen ΔD_{Gt} auffallend groß im Vergleich zu den anderen Stationen.

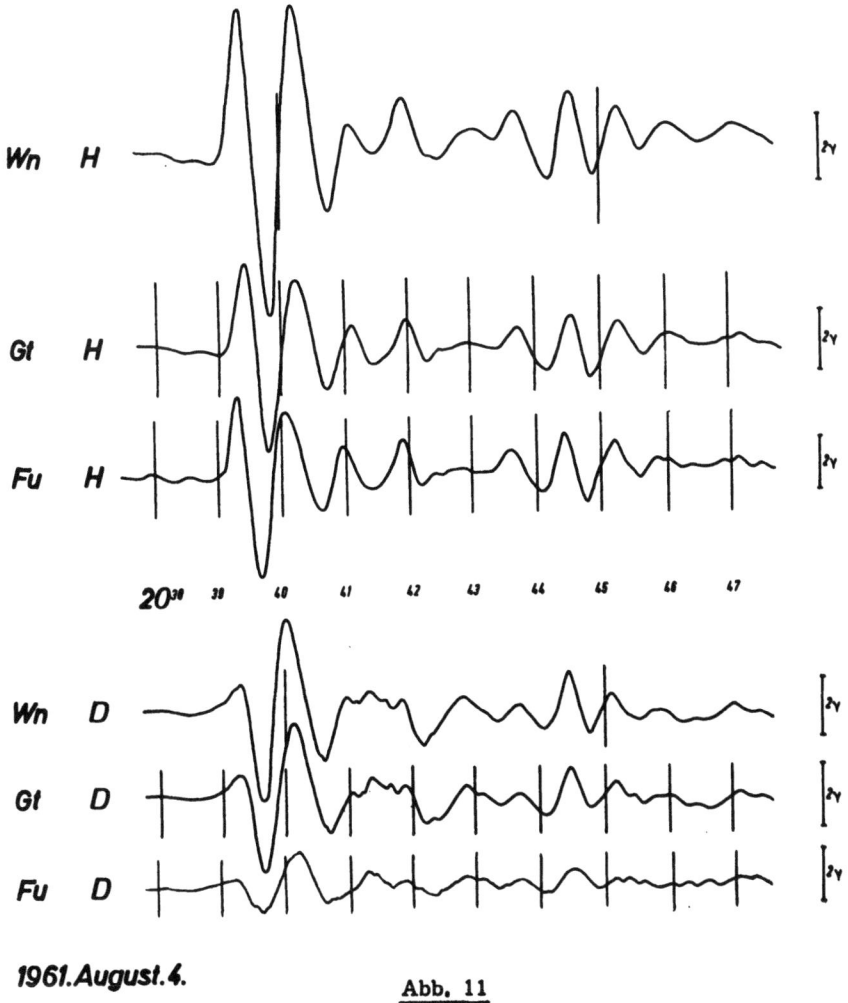

1961.August.4.   Abb. 11

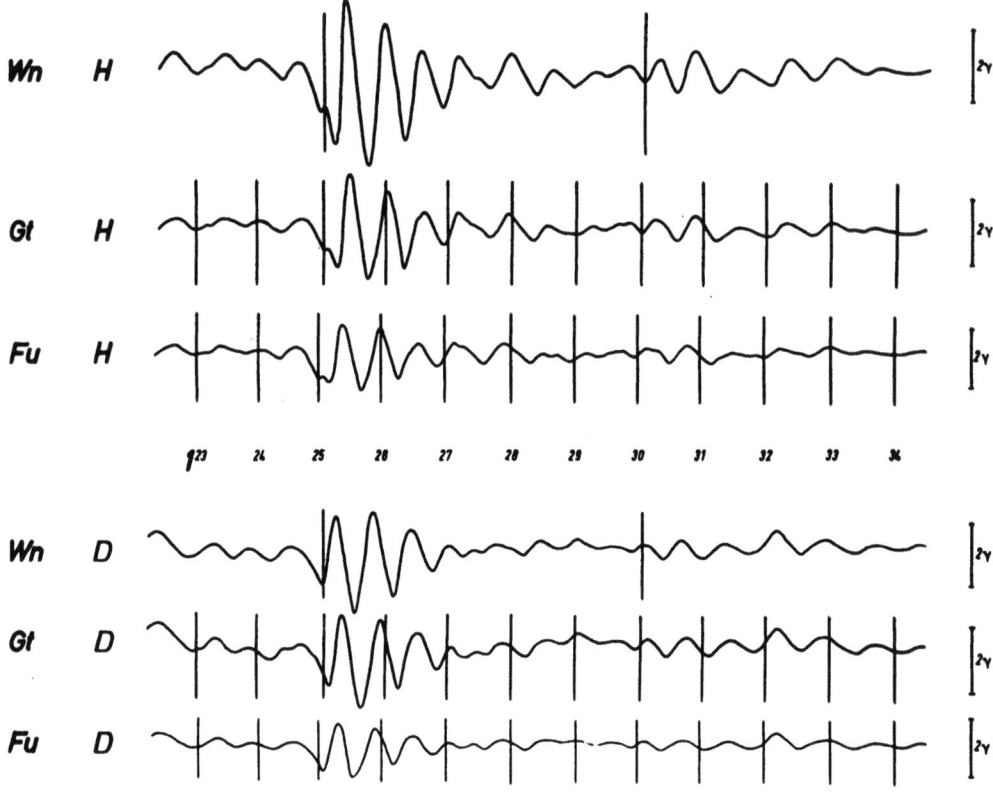

Abb. 12

Der pt der Abb. 12 ist einem großen Anstieg der Feldstärke in der D-Komponente (Kp = 4 +) überlagert. Die Störung hat sowohl in der H- wie in der D-Komponente die Form einer gedämpften Schwingung; die Perioden der Schwingungen betragen in beiden Komponenten etwa 37 sec; sie sind also für pt's ausgesprochen kurz. Wie die schon besprochenen pt's nimmt auch diese Störung den gleichen Verlauf an allen drei Stationen; wieder nehmen die Amplituden nach Süden hin ab.

In Abb. 13 ist ein großer pt am Beginn einer Baystörung dargestellt (Kp = 4 -). Die Schwingungen am Anfang des dargestellten Zeitintervalles zeigen sowohl in der D- wie in der H-Komponente Gleichlauf an den drei Orten. Der gegen 20^{18}h UT einsetzende zweite Wellenzug ist von kurzperiodischen Pulsationen überlagert. In der D-Komponente stimmen hier die längerperiodischen Störungen und die überlagerten "Reiterchen" recht gut überein. Die H-Komponente zeigt noch etwa einen Gleichlauf der längerperiodischen Grundzüge in Wingst, Göttingen und Fürstenfeldbruck, während die überlagerten Pulsationen zeitlich verschoben auftreten; sie scheinen mit abnehmender Breite später aufzutreten.

Auch die weiteren verglichenen pt's zeigen die an Hand der obigen Beispiele geschilderten Eigenschaften: Die pt's treten an den drei Stationen gleichzeitig auf (im Rahmen der Genauigkeit, mit der die Uhrzeiten angegeben werden können, siehe 4. 3) und haben dort einen gleichartigen Störungsverlauf; insbesondere ist die Periode eines solchen Effektes in Wingst, Göttingen und Fürstenfeldbruck genau dieselbe.

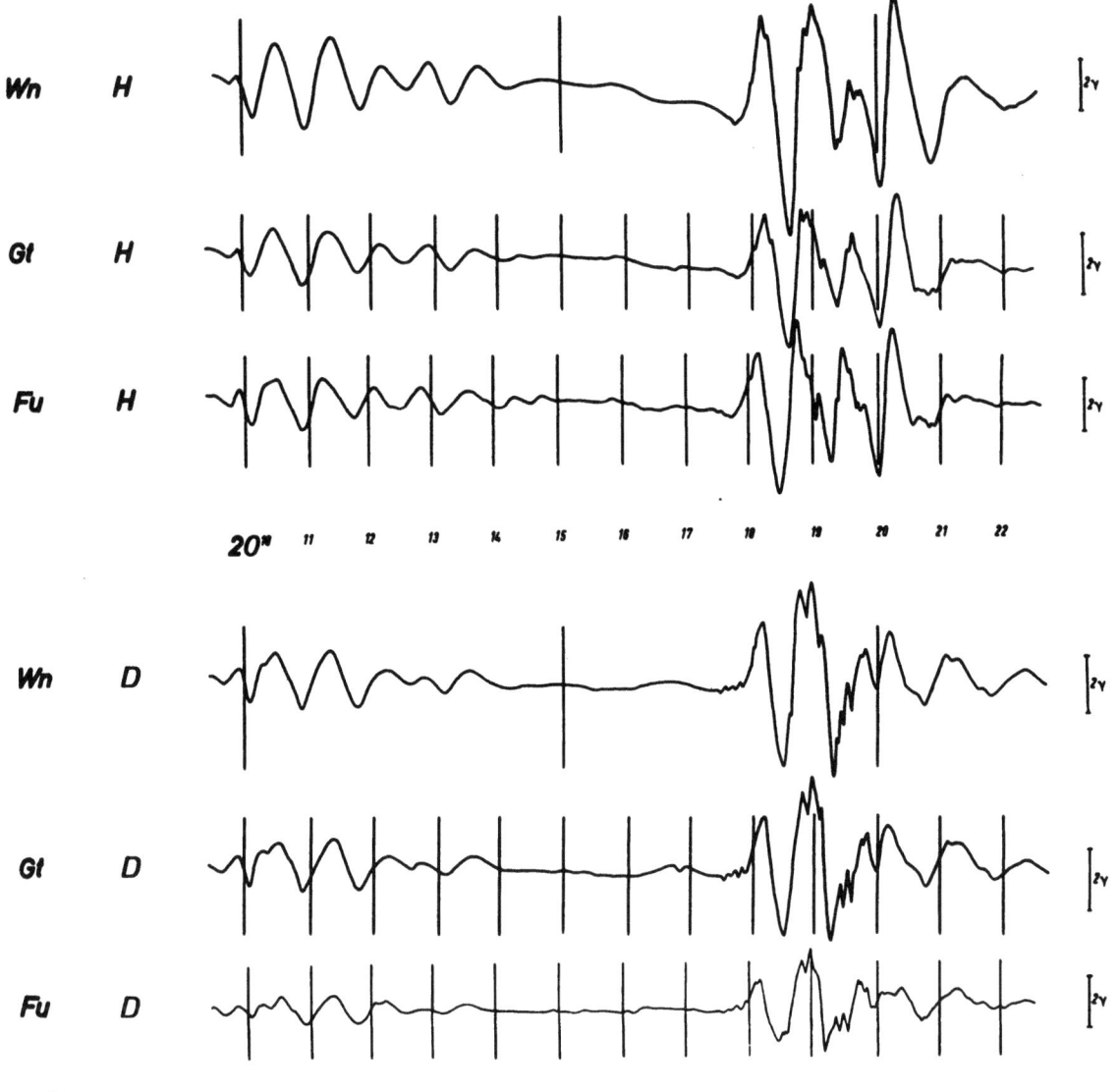

Abb. 13

Ein Amplitudenvergleich der etwa 180 in den Monaten Juni, Juli und August 1961 an den drei Stationen registrierten pt's gibt für die H-Komponente folgende mittlere Amplitudenverhältnisse:

$$\Delta H_{Wn} : \Delta H_{Gt} : \Delta H_{Fu} = 1,55 : 1 : 0,92$$

Für die Amplituden der pt's in der D-Komponente gilt:

$$\Delta D_{Wn} : \Delta D_{Gt} : \Delta D_{Fu} = 1,11 : 1 : 0,71$$

Die Genauigkeit dieser Amplitudenverhältnisse beträgt $\pm$ 5 %. Eine Einteilung der pt's nach ihrer Periode T in drei Klassen mit T<55 sec, 55 sec$\leq$T<75 sec , T$\geq$75 sec und eine gesonderte Bestimmung der Amplitudenverhältnisse für diese Klasse ergibt keine Abhängigkeit der Amplitudenverhältnisse von der Periode.

Die Amplituden der pt's in der H- und D-Komponente nehmen nach Süden hin ab. Während aber die Amplitudenverhältnisse $\Delta H_{Wn}/\Delta H_{Fu}$ und $\Delta D_{Wn}/\Delta D_{Fu}$ etwa gleich groß sind, unterscheiden sich die analog für Göttingen und eine der beiden anderen Stationen gebildeten Verhältnisse beträchtlich. Die pt's weisen in Göttingen in der D-Komponente gegenüber den anderen Stationen zu große Amplituden auf. Beispiele von Baystörungen in einer Arbeit von Fleischer [13] zeigen, daß auch bei diesen langsamer verlaufenden Variationen die Amplituden der Störungen in D in Göttingen im Vergleich zu Wingst und Fürstenfeldbruck auffallend groß sind. Kremser [19] fand, daß bei Baystörungen die Amplituden in D in Göttingen um etwa 20% größer sind als an nur 50 km entfernten Orten. Dieses Verhalten der D-Komponente ist vermutlich auf eine in Nord-Süd-Richtung erstreckte elektrische Leitfähigkeitsanomalie des Untergrundes in der Umgebung von Göttingen [19] zurückzuführen.

Beim Amplitudenvergleich der pt's fiel auf, daß sich an jeder Station das Verhältnis der Amplituden von D- und H-Komponente mit der Tageszeit ändert. Es wurden für die pt's der Monate Juni, Juli, August 1961 die mittleren Amplitudenverhältnisse $\overline{\Delta D/\Delta H}$ für Stundenintervalle und für alle drei Stationen berechnet. Sie ergeben für Wingst in Abb. 14 die Kreise mit den eingezeichneten mittleren Fehlern.

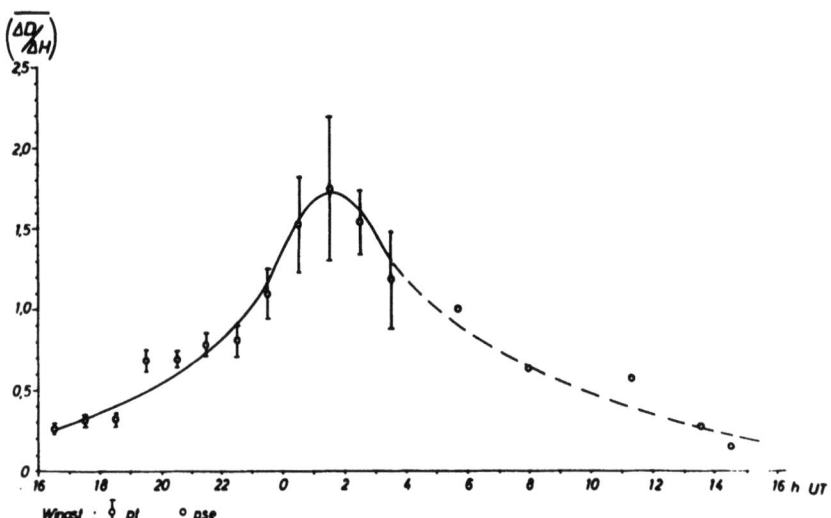

Abb. 14: Mittleres Amplitudenverhältnis der D-Komponente zur H-Komponente für pt's (Kreise mit Angabe des mittleren Fehlers) und am Tage auftretende Einzeleffekte pse (Kreise ohne Fehlerangaben) der Monate Juni, Juli, August 1961 in Abhängigkeit von der Tageszeit für die Station Wingst.

Ergänzt wurde diese Darstellung durch die Verhältnisse $\Delta D/\Delta H$ der in den gleichen Monaten während der Morgenstunden auftretenden Einzeleffekte pse (pulsation single effect; vgl. 4. 5. a). Insgesamt ergibt sich ein Tagesgang des Verhältnisses $\Delta D/\Delta H$. Am Tage überwiegen die Störungen in der H-Komponente. Das Minimum des Verhältnisses $\Delta D/\Delta H$ liegt gegen 15^{00}h UT. Hier betragen die Amplituden der Pulsationen in D nur etwa ein Viertel der Ausschläge in H. Die Schwingungen sind also praktisch auf die H-Richtung beschränkt. Zum Abend hin nimmt das Verhältnis $\Delta D/\Delta H$ zu. Um etwa 23^{00}h UT sind die Amplituden der D- und H-Komponente im Mittel gleich. Danach überwiegen bis etwa 4^{00}h UT die Amplituden in D. Im Maximum zwischen 0 und 3^{00}h UT verhalten sich die Ausschläge in D zu denen in H etwa wie 1,6 : 1. Bis über Mittag hinaus nimmt dann $\Delta D/\Delta H$ monoton ab.

Der Verlauf von $\Delta D / \Delta H$ in den Morgenstunden wurde aus den Amplitudenverhältnissen der Einzeleffekte gewonnen. Eine Berechnung dieses Verhältnisses für mehrere pc's (vgl. 4. 5. b) zeigt, daß auch diese Morgenpulsationen den gleichen Gang des Verhältnisses $\Delta D/ \Delta H$ mit der Tageszeit aufweisen wie er in Abb. 14 dargestellt ist.

Der Tagesgang des Verhältnisses $\Delta D/ \Delta H$ für Fürstenfeldbruck fällt innerhalb der Fehlergrenzen mit der Kurve der Abb. 14 für Wingst zusammen, während das Verhältnis $\Delta D/ \Delta H$ für Göttingen, bedingt durch die oben bereits erwähnte Leitfähigkeitsanomalie, durchgehend größer ist. Die Kurve $\Delta D/ \Delta H$ für Göttingen ist um einen Betrag von 0,1 bis 0,2 parallel nach oben verschoben, hat also die gleiche Form und Maximum und Minimum zur gleichen Zeit wie die Kurven für die anderen Stationen.

4.5 Das Verhalten der Morgenpulsationen
4.5 a Einzeleffekte

In den Stunden von etwa Sonnenaufgang bis zum frühen Nachmittag bestimmen im allgemeinen die mehr oder weniger kontinuierlichen Wellenzüge der pc's das Aussehen der Pulsationsregistrierung. Jedoch treten während dieser Tageszeit auch vereinzelt isolierte Störungen auf, die, innerhalb der Genauigkeit, mit der man die Anfangszeiten angeben kann, an allen drei Stationen gleichzeitig beginnen. Nach einem Vorschlag von M. Siebert werden diese in den Morgen- bis frühen Nachmittagsstunden erscheinenden Einzeleffekte im folgenden als "pulsation single effects" (abgekürzt pse) bezeichnet. Sie bieten in der H-Komponente das Bild einer gedämpften Schwingung; der Störungsverlauf in der D-Komponente ist unregelmäßiger. Die Amplituden der pse's in der H-Komponente sind größer als in D.

Erstmals wurde ein pse in den Registrierungen vom 8. Juni 1961 beobachtet [30], der Verlauf dieses Einzeleffektes an den drei Stationen ist in Abb. 15 dargestellt. Betrachtet man nur die H-Komponente dieses Einzeleffektes an einer Station, so bietet der pse das gleiche Bild wie die H-Komponente des pt's der Abb. 12. Anders als bei den pt's hat man hier aber keinen gleichartigen Störungsverlauf in den H-Komponenten der drei Stationen. Der Effekt beginnt an allen Stationen etwa gleichzeitig, zeigt dann aber in den H-Komponenten die Form einer gedämpften Schwingung mit unterschiedlichen "Perioden" an den drei Orten; und zwar nimmt die Schwingungsperiode von Norden nach Süden ab: In diesem Bild betragen die Perioden in Wingst 38 sec, in Göttingen 31 sec und in Fürstenfeldbruck 22 sec.

Die Amplituden dieses Effektes sind in der D-Komponente viel kleiner als die Ausschläge in H. Auch ist der Störungsverlauf in D viel unregelmäßiger. Im Unterschied zur H-Komponente hat man in D nicht das Bild unabhängiger Schwingungen an den drei Stationen; die Störung zeigt in der D-Komponente einen etwa parallelen Verlauf in Wingst, Göttingen und Fürstenfeldbruck.

In Abb. 16 ist ein kleiner pse während der frühen Morgenstunden des 12. Juli 1961 dargestellt. Hier sind die Amplituden der H- und D-Komponente etwa gleich groß. Die Störung hat in H wieder unterschiedliche Perioden an den verschiedenen Stationen. Auch hier nehmen die Schwingungsdauern nach Süden hin ab. In Wingst beträgt die Periode 42 sec, in Göttingen 33 sec und in Fürstenfeldbruck 25 sec. In der D- Komponente nimmt der pse an allen Orten einen gleichartigen Verlauf.

Der Einzeleffekt der Abb. 17 zeigt ein ähnliches Verhalten wie die obigen Beispiele. Die Störung setzt in H mit einem Vorpuls an den drei Orten gleichzeitig ein und hat dann die Form einer gedämpften Schwingung mit unterschiedlichen Perioden an den verschiedenen Beobachtungsorten; hier betragen die Schwingungsdauern 37 sec in Wingst, 29 sec in Göttingen und 24 sec in Fürstenfeldbruck. Demge-

4. 5

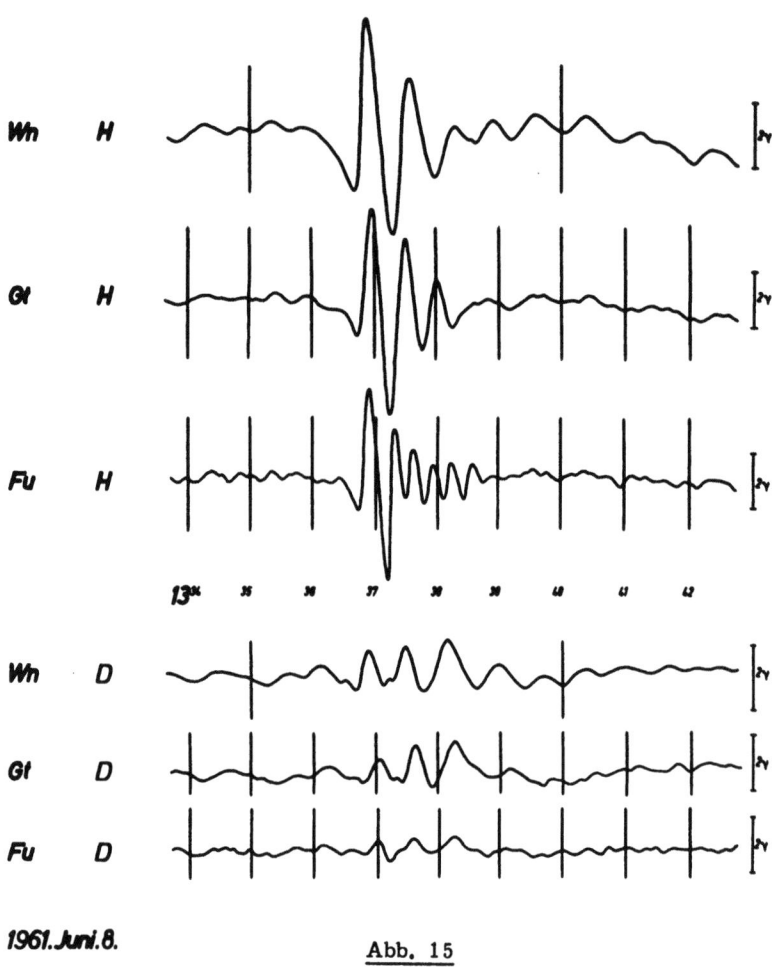

1961. Juni. 8.

Abb. 15

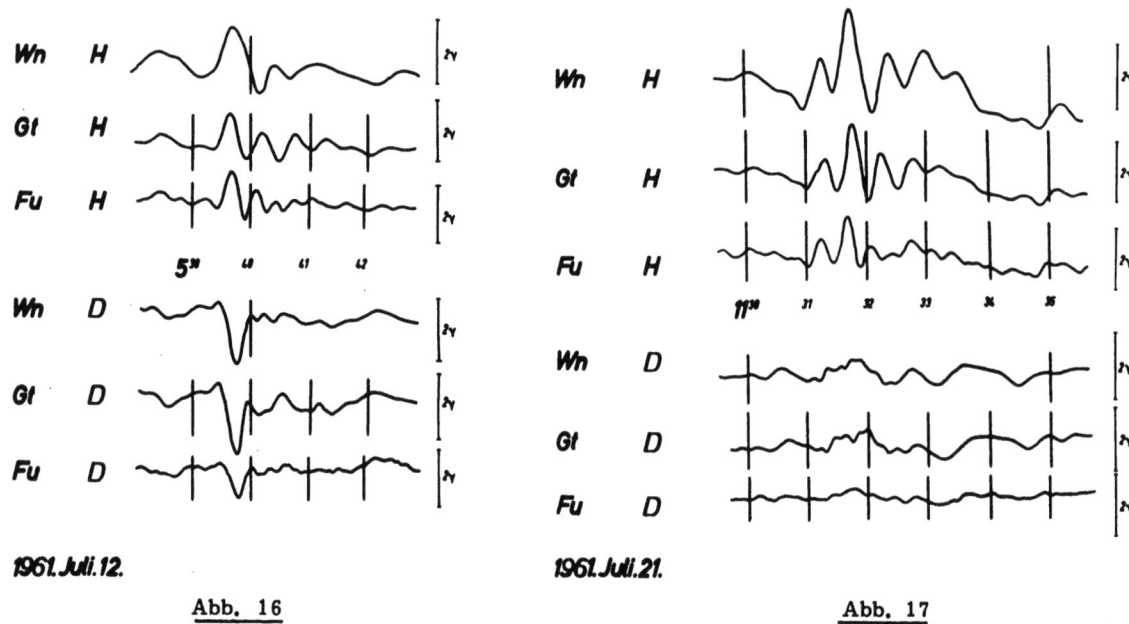

1961. Juli. 12.

Abb. 16

1961. Juli. 21.

Abb. 17

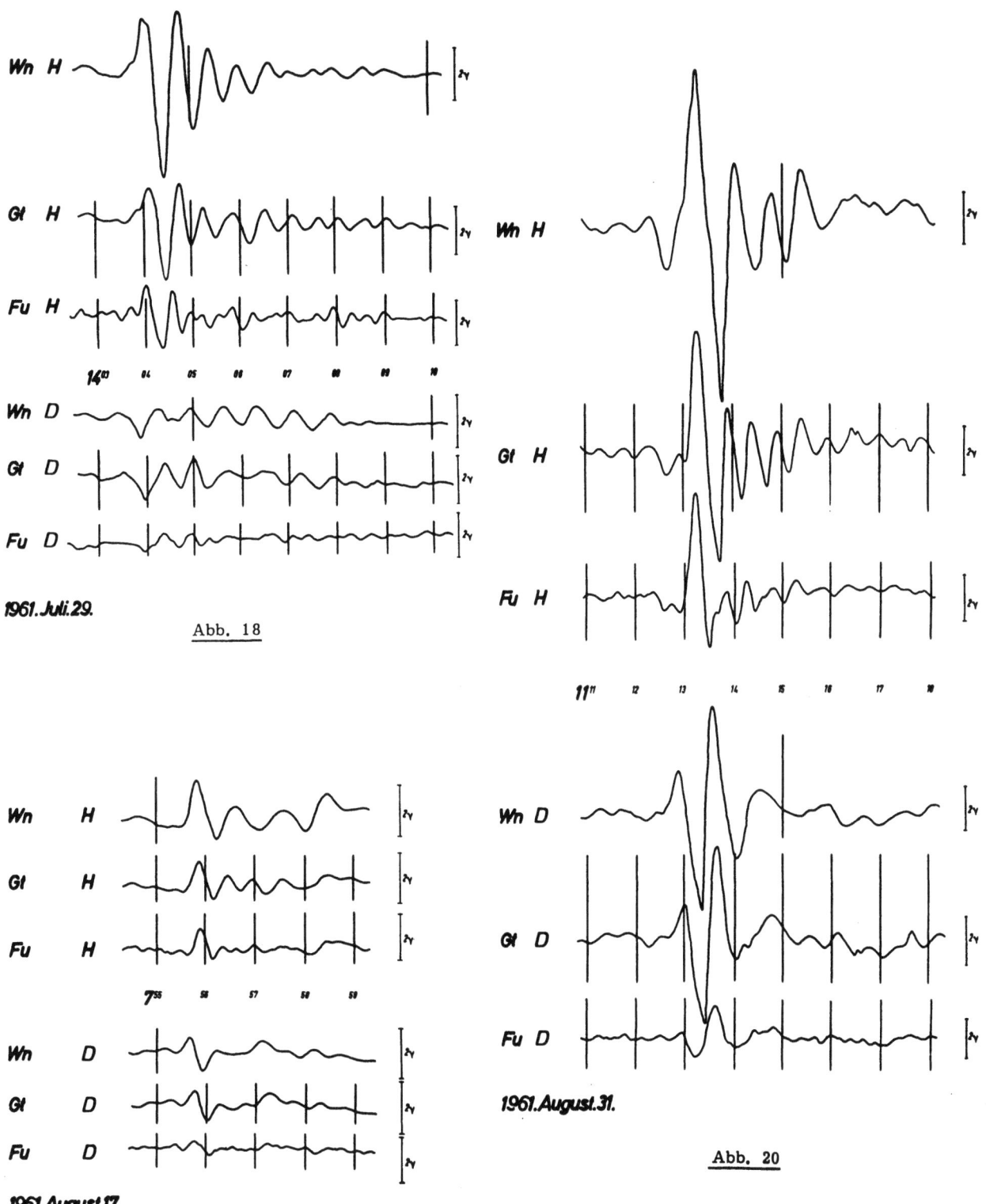

1961. Juli. 29.
Abb. 18

1961. August. 17.
Abb. 19

1961. August. 31.
Abb. 20

genüber stimmt der Verlauf der D-Komponente auch dieses pse's für die drei Stationen überein.

Der pse in der Abb. 18 hat einen nicht so gleichmäßigen Schwingungsverlauf, dennoch ist auch hier die Abnahme der Periode nach Süden hin in der H-Komponente deutlich zu erkennen. Die D-Komponenten der Störung in Wingst und Göttingen stimmen noch recht gut überein. Die D-Komponente des pse's von Fürstenfeldbruck weist keine große Ähnlichkeit mit denen der anderen Stationen auf, sie enthält kürzerperiodische Schwingungen.

Die Abb. 19 zeigt einen pse während einer magnetisch ruhigen Zeit (Kp = 1o). Auch hier beginnt die Störung an allen Beobachtungsstationen gleichzeitig und schwingt dann in der H-Komponente unabhängig mit unterschiedlichen, nach Süden hin abnehmenden Pulsationsperioden aus. Die D-Komponenten dieses Einzeleffektes zeigen einen guten Gleichlauf untereinander, obwohl in Fürstenfeldbruck der Effekt von kurzperiodischen Störungen überlagert ist.

Auch in dem großen Einzeleffekt (ΔH_{Wn} = 12,7 γ) der Abb. 20, der vor allen Dingen in Göttingen sehr schön die Form einer gedämpften Schwingung hat, tritt die Periodenabnahme für Pulsationen der H-Komponente mit abnehmender Breite der Beobachtungsstation deutlich hervor. Der Verlauf der D-Komponente hat an den drei Stationen noch etwa die gleiche Form.

In den Monaten Juni, Juli, August 1961 wurden insgesamt sieben solcher Einzeleffekte registriert. Die folgende Tabelle faßt ihre Perioden und Amplituden zusammen.

Amplituden und Perioden der pse's

| | | | | H-Komponente | | | | | | D-Komponente | | |
| | | | | Periode (sec) | | | Amplitude (γ) | | | Amplitude (γ) | | |
Nr.	Datum 1961	Beginn in Weltzeit	Kp	T_{Wn}	T_{Gt}	T_{Fu}	H_{Wn}	H_{Gt}	H_{Fu}	D_{Wn}	D_{Gt}	D_{Fu}
1	6.8.	13.37	3+	38	31	22	6,2	6,5	6,4	1,7	1,5	0,7
2	7.7.	6.13	3+	-	27	20	-	2,3	1,9	-	1,0	0,4
3	7.12.	5.39	1o	42	33	25	2,2	1,7	1,8	2,2	2,2	1,3
4	7.21.	11.30	3-	37	29	24	3,2	2,6	1,8	-	-	-
5	7.29.	14.03	2+	42	35	34	6,5	4,2	3,0	1,0	1,4	0,7
6	8.17.	7.55	1o	48	36	26	2,4	1,6	1,4	1,5	1,2	0,7
7	8.31.	11.13	3-	45	35	31	12,7	9,5	6,5	10,8	7,8	2,5

Bei allen sieben pse's hat die gleichzeitig an den drei Stationen einsetzende Störung in der H-Komponente die Form einer gedämpften Schwingung. Das Dämpfungsverhältnis (Verhältnis der Doppelamplituden zweier aufeinander folgender Schwingungen) ist für die drei Orte etwa gleich und beträgt im Mittel 1,6. Bei all diesen Einzeleffekten nimmt die Pulsationsperiode stark nach Süden hin ab. Ermittelt man aus den sieben Effekten die mittlere Periode für jede Station, so ergeben sich als mittlere Perioden der pse's für Wingst $\overline{T}_{Wn}$ = 42 sec, für Göttingen $\overline{T}_{Gt}$ = 32 sec und für Fürstenfeldbruck $\overline{T}_{Fu}$ = 26 sec.

In der D-Komponente ist der Störungsverlauf insgesamt unregelmäßiger, es treten keine so sinusförmigen Schwingungen auf wie in H. Der Vergleich der D-Komponenten zeigt hier einen weitgehenden Gleichlauf der pse's der drei Stationen, insbesondere sind keine Periodenverkürzungen nach Süden hin zu bemerken.

Ein Amplitudenvergleich der sieben Einzeleffekte gibt für die H-Komponente folgende mittlere Amplitudenverhältnisse:

$$\Delta H_{Wn} : \Delta H_{Gt} : \Delta H_{Fu} = 1,25 : 1 : 0,83$$

In 4.5 d wird sich zeigen, daß die Amplitudenverhältnisse $\frac{H_{Wn}}{H_{Gt}}$ und $\frac{H_{Fu}}{H_{Gt}}$ für die normalen pc's abhängig sind von der Pulsationsperiode (vgl. Abb. 38). Trägt man in diese Darstellung die Verhältnisse $\frac{H_{Wn}}{H_{Gt}}$ und $\frac{H_{Fu}}{H_{Gt}}$ des pse's für die Perioden $\frac{\overline{T}_{Wn} + \overline{T}_{Gt}}{2} = 37$ sec bzw. $\frac{\overline{T}_{Fu} + \overline{T}_{Gt}}{2} = 29$ sec ein, so liegen sie gut auf den entsprechenden Kurven für die pc's in Abb. 39. In ihren Amplitudenverhältnissen der H-Komponenten gleichen also die pse's den pc's.

Die Amplituden des pse's sind in der D- viel kleiner als in der H-Komponente, deshalb lassen sich für die D-Komponente die Amplitudenverhältnisse nicht genau angeben. Die Verhältnisse der Amplituden der D- zur H-Komponente zeigen eine Abhängigkeit von der Tageszeit; sie sind für die einzelnen Effekte in die Darstellung Abb. 14 eingezeichnet. Man sieht, daß sie sich gut an den Tagesgang dieses Verhältnisses für die pt's anschließen.

4.5 b Die pc's

Wie die in 4.5 a besprochenen Einzeleffekte zeigen auch gleichzeitig auftretende pc's in der H-Komponente einen weitgehend unabhängigen Schwingungsverlauf an den drei Stationen.

Abb. 21 vergleicht Ausschnitte aus den Registrierungen vom 30. Juli 1961. In Wingst hat die Störung in H einen schwebungsartigen Verlauf (besonders gegen 12^{00}h UT). Diese Schwebungen sind in der Göttinger H-Komponente nicht so ausgeprägt, und in Fürstenfeldbruck bietet die H-Komponente ein unregelmäßigeres Aussehen. Insgesamt ist der Störungsverlauf an den drei Stationen recht unabhängig.

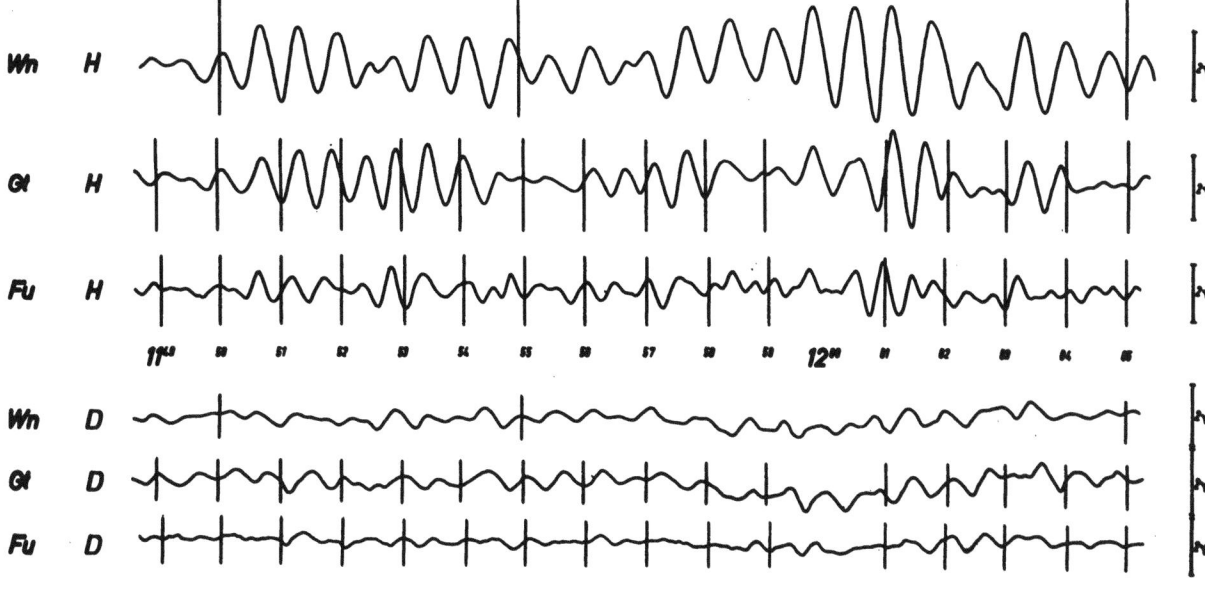

Abb. 21

4. 5

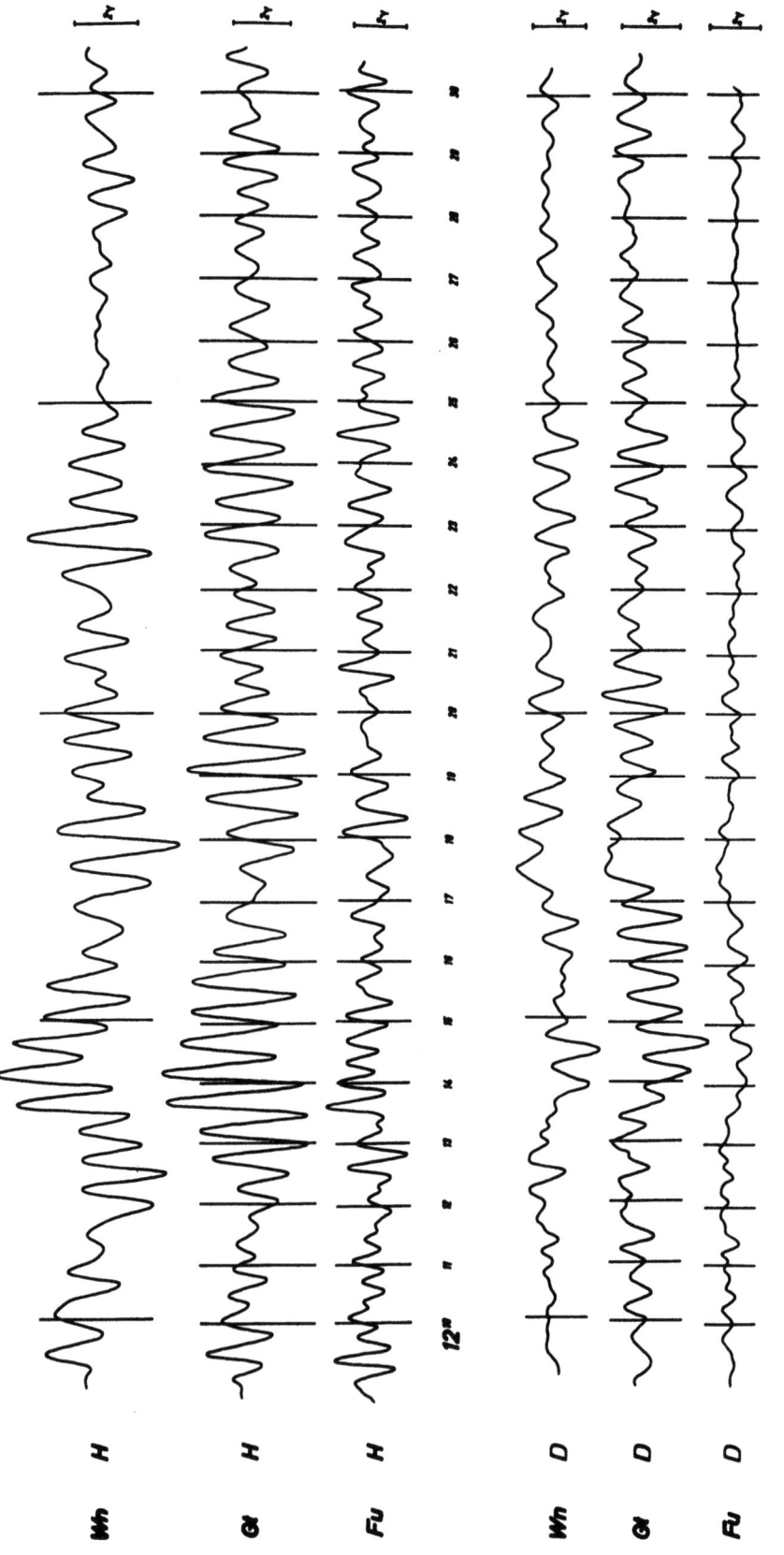

Abb. 22

Auffällig ist der unterschiedliche Frequenzinhalt in der H-Komponente der Registrierungen an den verschiedenen Observatorien. Wie bei den pc's nehmen auch hier die Perioden nach Süden hin ab. Die vorherrschenden Perioden betragen in Wingst 40 sec, in Göttingen 32 sec und in Fürstenfeldbruck 28 sec.

Die Amplituden in der D-Komponente betragen nur etwa ein Viertel der Ausschläge in H. So hat die Störung in Wingst maximale Doppelamplituden von 3,3γ in H und 0,8γ in D. Vergleicht man das Aussehen der D-Komponenten der drei Stationen untereinander, so stellt man hier im Gegensatz zu H noch einen gewissen Parallellauf fest.

In Abb. 22 sind die verhältnismäßig großen Morgenpulsationen langperiodischen Störungen überlagert. Während die Pulsationen in der H-Komponente in Göttingen Schwebungscharakter haben, ist der Verlauf an den anderen Stationen, besonders in Fürstenfeldbruck, ungleichmäßiger. Der in Göttingen zwischen 12^{17} und 12^{20} h UT auftretende schwebungsartige Verlauf findet sich nicht so deutlich in den H-Komponenten von Wingst und Fürstenfeldbruck. Auch in diesem Beispiel enthalten die Registrierungen der südlicher gelegenen Stationen die kürzerperiodischen Pulsationen; man sieht das besonders deutlich beim Vergleich der gegen 12^{14} h UT in H auftretenden Schwingungen.

In diesem Ausschnitt zeigen auch die D-Komponenten der drei Stationen keinen Gleichlauf. Auffällig sind die großen Amplituden in der Göttinger D-Komponente im Vergleich zu denen an den anderen Orten, was vermutlich auch in diesem Falle durch die elektrische Leitfähigkeitsanomalie in der Göttinger Umgebung verursacht wird.

Im Beispiel der Abb. 23 zeigt die H-Komponente einen etwas unregelmäßigen Verlauf mit einzelnen Schwebungen zu unterschiedlichen Zeiten an den drei Stationen. So tritt die Schwebung, die zwischen 11^{03} und 11^{07} h UT in Wingst sehr gut ausgebildet ist, in Göttingen nur gestört und in Fürstenfeldbruck überhaupt nicht auf, während eine Schwebungsfigur gegen 10^{58} h UT in Fürstenfeldbruck in der Wingster H-Komponente nicht erscheint. Auch in diesem Zeitintervall treten an den drei Stationen in H unterschiedliche Perioden auf. Die vorherrschenden Schwingungsdauern sind 42 sec in Wingst, 34 sec in Göttingen und 26 sec in Fürstenfeldbruck.

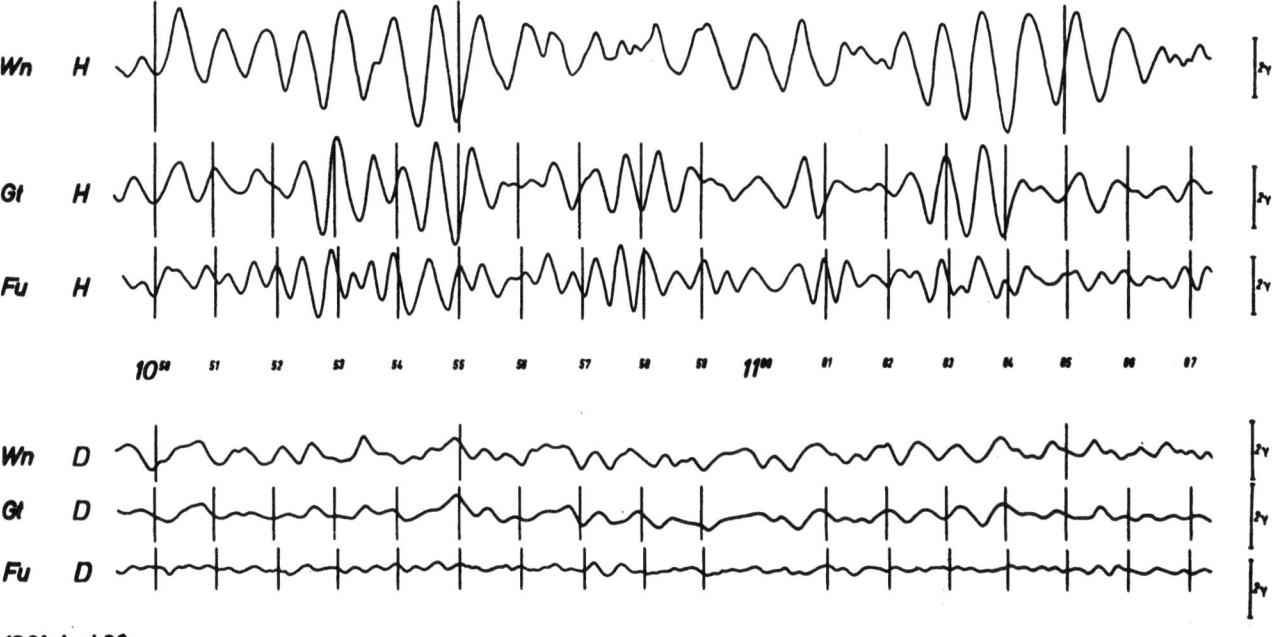

1961. Juni. 23.

Abb. 23

Die maximalen Doppelamplituden in Wingst betragen 4γ in der H- und 0,9γ in der D-Komponente. In D laufen die Störungen in Göttingen und Wingst etwa parallel. Die D-Komponente in Fürstenfeldbruck enthält Pulsationen geringerer Amplituden und kürzerer Perioden.

Diese drei Beispiele zeigen schon, daß die Morgenpulsationen in der H-Komponente einen weitgehend unabhängigen Verlauf an den drei Stationen nehmen. So treten die maximalen Amplituden an den drei Beobachtungsorten durchaus nicht gleichzeitig auf. Oft enthält die H-Komponente einer Station eine schwebungsartige Störung, während die Registrierungen der anderen Orte ein ruhiges Bild bieten.

Die Pulsationen der D-Komponenten haben durchgehend kleinere Amplituden als die in H. Der Störungsverlauf der D-Komponente zeigt noch eine gewisse Ähnlichkeit an den drei Stationen.

Besonders bemerkenswert an den pc's dieser Beispiele ist das gleichzeitige Auftreten von Pulsationen mit unterschiedlichen, nach Süden abnehmenden Perioden an den drei Orten. Dieses Verhalten soll genauer untersucht werden. In den folgenden Beispielen werden pc's betrachtet, die an allen drei Stationen gleichzeitig über etwas längere Zeiten angenähert sinusförmige Schwingungen aufweisen. Dann lassen sich die Pulsationsperioden gut definieren und vergleichen.

Abb. 24 zeigt den Verlauf eines pc's am frühen Morgen des 12. 8. 1961 an den drei Orten. Hier ist die Verkürzung der Pulsationsperioden mit abnehmender Breite in der H-Komponente besonders deutlich. Die mittleren Pulsationsperioden betragen 32 sec in Wingst, 27 sec in Göttingen und 21 sec in Fürstenfeldbruck. Die Pulsationen in Wingst haben während des betrachteten Intervalles maximale Doppelamplituden von 0,8γ in H und 0,6γ in D. Das Amplitudenverhältnis von $\Delta D/\Delta H$ stimmt bei diesen wie auch bei den anderen angeführten pc's recht gut mit dem Wert überein, den man für diese Tageszeit aus der Kurve für die pse's in der Abb. 14 entnehmen kann. Der Störungsverlauf der D-Komponente zeigt an den drei Observatorien gute Übereinstimmung.

Der Ausschnitt aus den Registrierungen vom 20. 7. 1961 (Abb. 25) beginnt um 8^{54}h UT mit sinusförmigen Schwingungen in der H-Komponente aller Stationen. Auch diese Pulsationen weisen deutliche Periodenunterschiede auf. Die vorherrschenden Perioden betragen in Wingst 30 sec, in Göttingen 24 sec und in Fürstenfeldbruck 21 sec. In diesem Beispiel zeigen auch die D-Komponenten am Anfang des Intervalles Pulsationen unterschiedlicher Perioden in Fürstenfeldbruck gegenüber Wingst und Göttingen, hier ist kein Gleichlauf mehr festzustellen. Die Amplituden betragen in Wingst in der H-Komponente 1,2γ und in der D-Komponente 0,6γ.

Abb. 26 zeigt in der Wingster H-Komponente einen Zug regelmäßiger Pulsationen während einer magnetisch ruhigen Zeit (Kp = 1+). Die Störung hat in H an den anderen Stationen kleinere Amplituden. Auch hier nehmen die Perioden nach Süden hin ab, sie betragen in Wingst 34 sec, in Göttingen 31 sec und in Fürstenfeldbruck 25 sec. Der H-Komponente von Fürstenfeldbruck sind außerdem kürzerperiodische Schwankungen überlagert.

In der D-Komponente weist die Störung an den drei Orten einen leidlichen Parallellauf auf. Die Amplituden sind sehr viel kleiner als in H. Vor allen Dingen in der Wingster D-Komponente sind die Schwankungen auffallend klein im Vergleich mit Göttingen und Fürstenfeldbruck.

In Abb. 27 wird der Störungsverlauf an den drei Stationen während eines Intervalles am 29. Juli 1961 verglichen. In Wingst haben die pc's einige Male einen schwebungsartigen Verlauf. Die mittleren

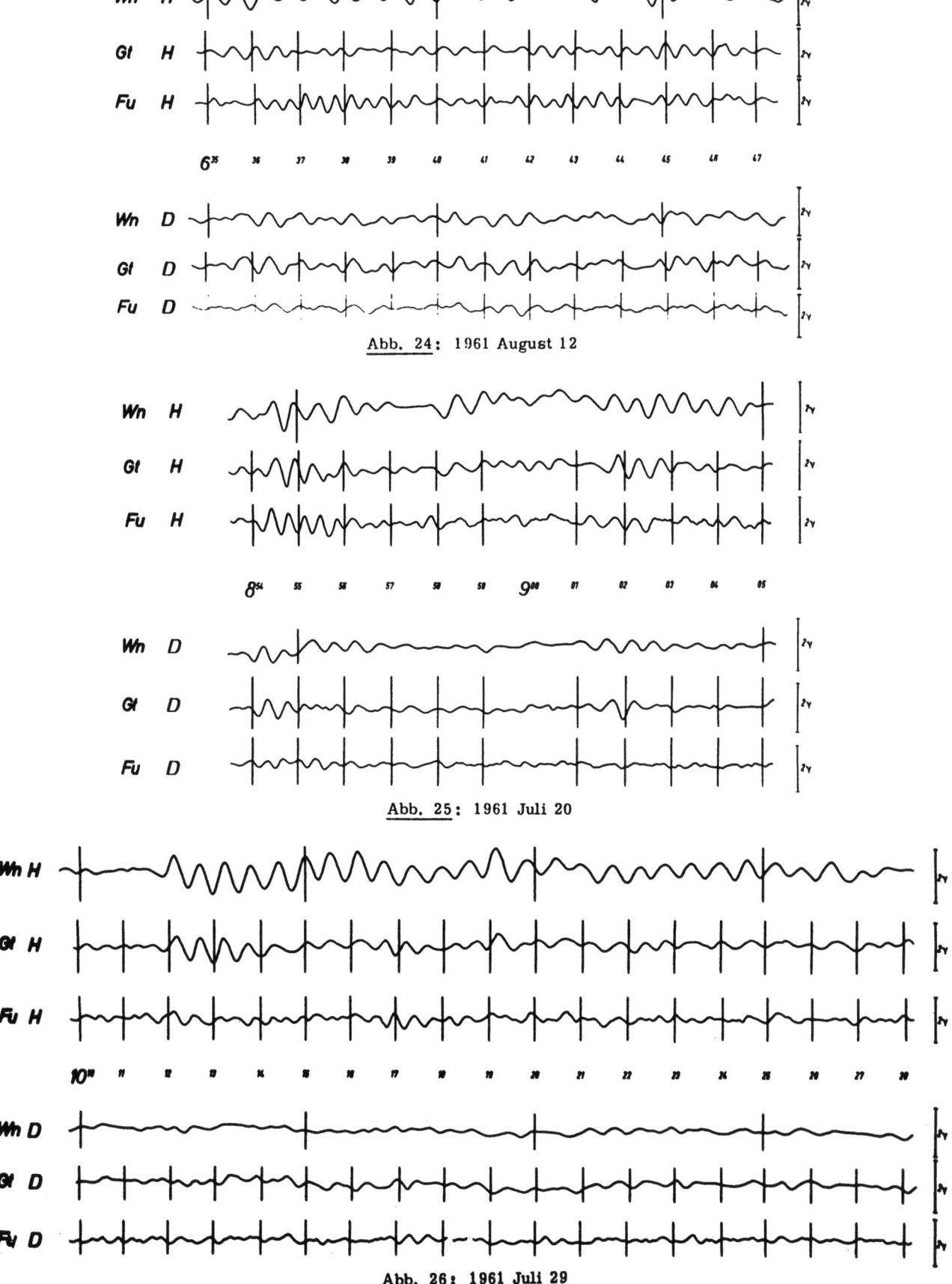

Abb. 24: 1961 August 12

Abb. 25: 1961 Juli 20

Abb. 26: 1961 Juli 29

Perioden betragen in Wingst 36 sec, in Göttingen 28 sec und in Fürstenfeldbruck 25 sec, nehmen also wieder nach Süden hin ab. Die größten Doppelamplituden in diesem Beispiel sind 1,8γ in H und 0,9γ in D für Wingst. Das Bild der Störung in D ist unregelmäßiger als in H. Hier besteht keine große Ähnlichkeit zwischen den Aufzeichnungen an den drei Stationen.

In Abb. 28 sind Morgenpulsationen während einer magnetisch mäßig gestörten Zeit (Kp = 3+) dargestellt. Auch hier ist der Störungsverlauf in der H-Komponente an den drei Stationen recht unterschiedlich, wieder treten verschiedene Perioden auf. In Wingst herrschen Schwingungsdauern von 45 sec, in Göttingen von 39 sec und in Fürstenfeldbruck von 30 sec. Die größten Amplituden betragen in Wingst in H 1,5γ und in D 0,8γ. In der D-Komponente bietet sich an den drei Observatorien ein gleichartiges Bild, wenn man von den in Fürstenfeldbruck überlagerten kurzperiodischen Schwankungen absieht.

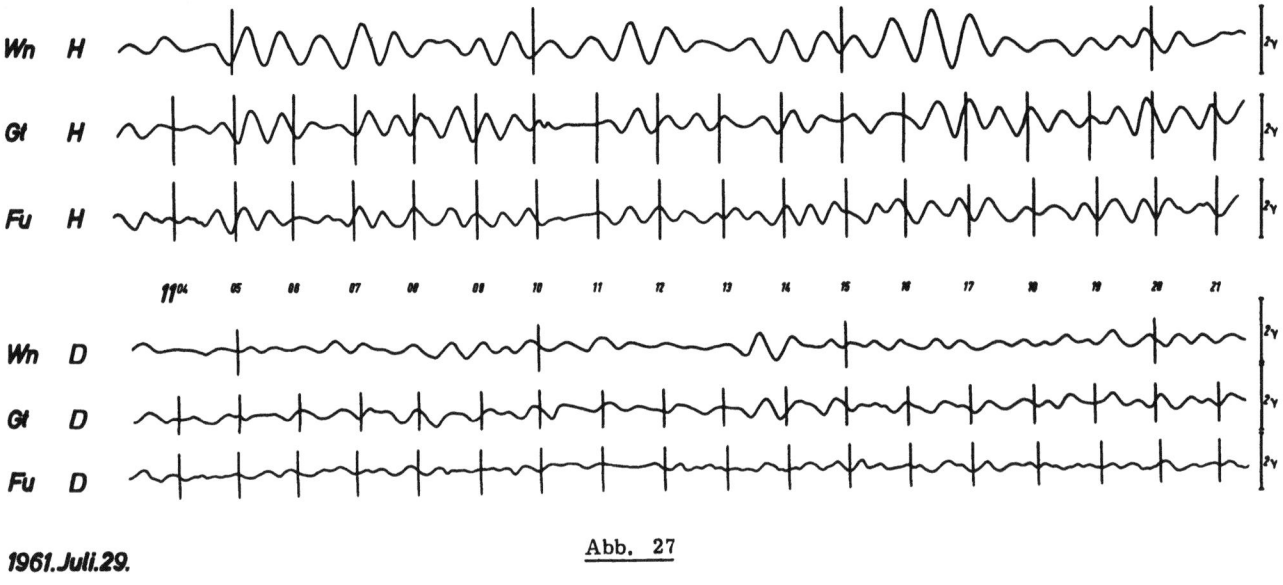

1961. Juli. 29. Abb. 27

1961. August. 3. Abb. 28

Auch der kurze Wellenzug in Abb. 29 während eines magnetisch verhältnismäßig unruhigen Intervalles (Kp = 4-) zeigt in der H-Komponente an den südlicher gelegenen Stationen die kürzeren Perioden, sie betragen 27 sec in Wingst, 24 sec in Göttingen und ca. 23 sec in Fürstenfeldbruck. In diesem Beispiel laufen die Registrierungen der D-Komponenten an den drei Beobachtungsorten sehr gut parallel. Die maximalen Amplituden in der D- und H-Komponente sind von etwa gleicher Größe (ΔH_{Wn} = 1,1γ, ΔD_{Wn} = 1γ) in Übereinstimmung mit Abb. 14, wonach für Pulsationen gegen 5^{30}h UT das Verhältnis $\Delta D/\Delta H$ etwa bei 1 liegen sollte.

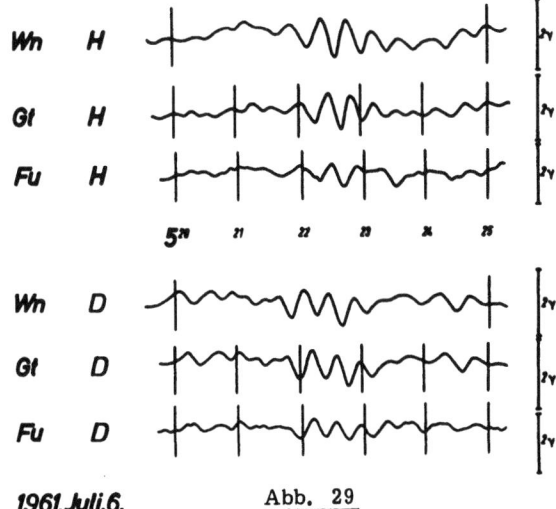

1961.Juli.6.   Abb. 29

Die letzten beiden Beispiele vergleichen Ausschnitte aus den Registrierungen des 24. Juni 1961. Die pc's der Abb. 30 weisen in der H-Komponente wieder kürzere Perioden an den Stationen niedriger Breite auf. Die vorherrschenden Pulsationsperioden sind in Wingst T_{Wn} = 36 sec, in Göttingen T_{Gt} = = 31 sec und in Fürstenfeldbruck T_{Fu} = 25 sec. Die D-Komponenten der drei Orte zeigen demgegenüber in großen Zügen einen Gleichlauf.

Auch die Abb. 31 gibt noch einmal ein Beispiel für das Auftreten unterschiedlicher Frequenzen. Hier betragen die durchschnittlichen Perioden 36 sec in Wingst, 29 sec in Göttingen und 24 sec in Fürstenfeldbruck. Die D-Komponenten weisen Pulsationen mit sehr viel kleineren Amplituden auf, dennoch ist auch hier ein Parallellauf der Störungen an den drei Stationen zu erkennen.

Alle diese Beispiele zeigen einen weitgehend unabhängigen Schwingungsverlauf gleichzeitig auftretender pc's in den H-Komponenten der verschiedenen Stationen. Die Perioden der Pulsationen in den H-Komponenten sind an den drei Observatorien unterschiedlich, bei allen besprochenen Morgenpulsationen nimmt die Schwingungsdauer nach Süden hin ab.

Der Ablauf der Störungen in der D-Komponente ist unregelmäßiger, hier treten nur wenige ungestörte Sinusschwingungen auf. Vor allen Dingen haben die pc's in der D-Komponente durchweg viel kleinere Amplituden als in H. Im Gegensatz zur H-Komponente ist hier der Schwingungsverlauf an allen drei Stationen noch etwa parallel.

4.5c pc-artige Pulsationen während der Nachtstunden

Anders als die bisher besprochenen Morgenpulsationen verhalten sich Pulsationszüge, die dem Verlauf und den Perioden nach den pc's gleichen, aber schon vor Sonnenaufgang, also noch in der Nacht, auftreten. Sie haben an den drei Stationen einen ähnlichen Verlauf und zeigen auch in der H-Komponente keine Periodenunterschiede zwischen Wingst, Göttingen und Fürstenfeldbruck.

In Abb. 32 wird ein solcher Pulsationszug während einer magnetisch ruhigen Zeit (Kp = 1-) dargestellt. Hier zeigt die Störung sowohl in der H- wie in der D-Komponente vollkommenen Parallellauf an den drei Stationen. Die Perioden der Pulsationen betragen an allen drei Beobachtungsorten 27 sec. Die Amplituden sind in der D- und H-Komponente etwa gleich, in Wingst betragen sie in beiden Komponenten 0,7γ.

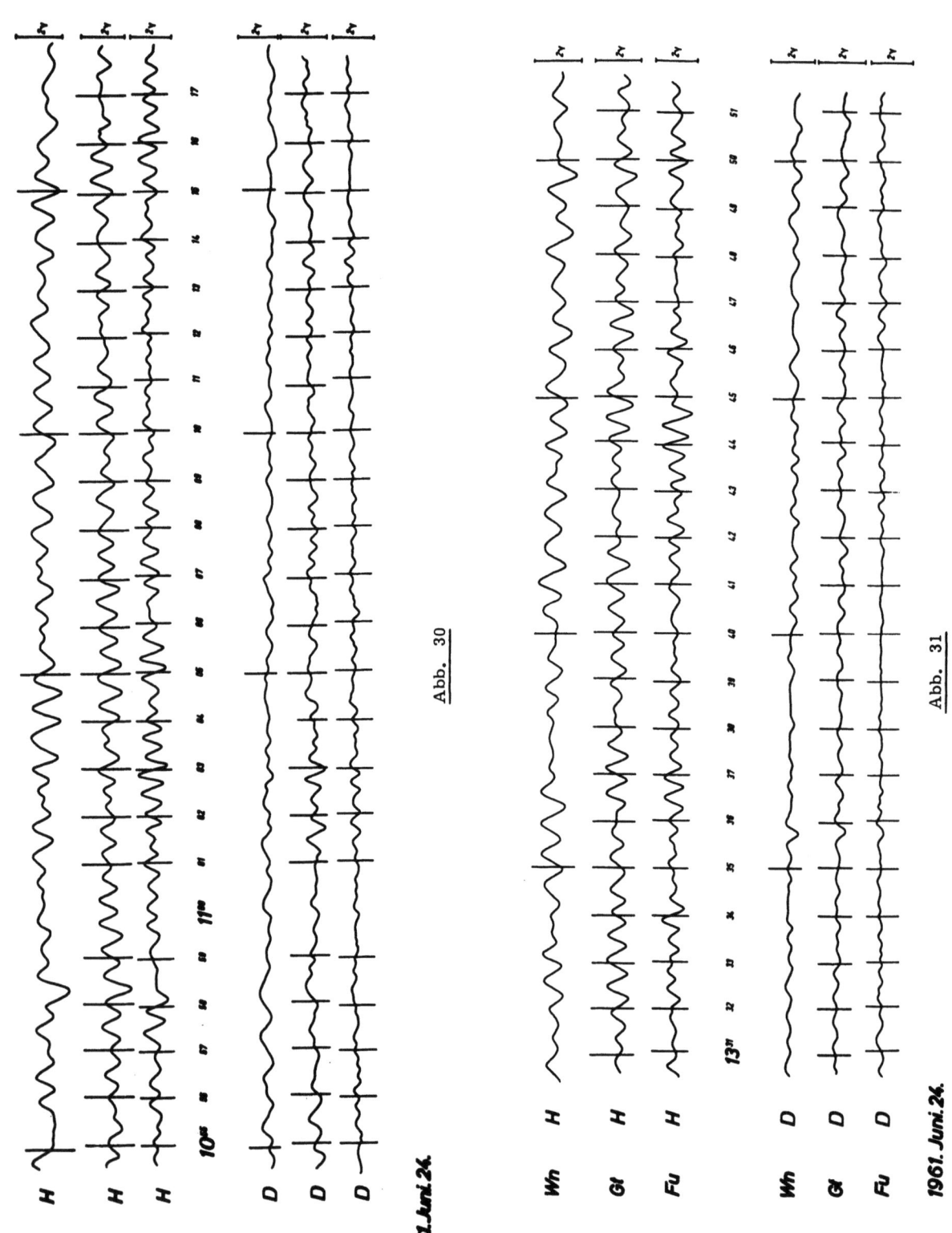

Abb. 30
1961. Juni. 24.

Abb. 31
1961. Juni. 24.

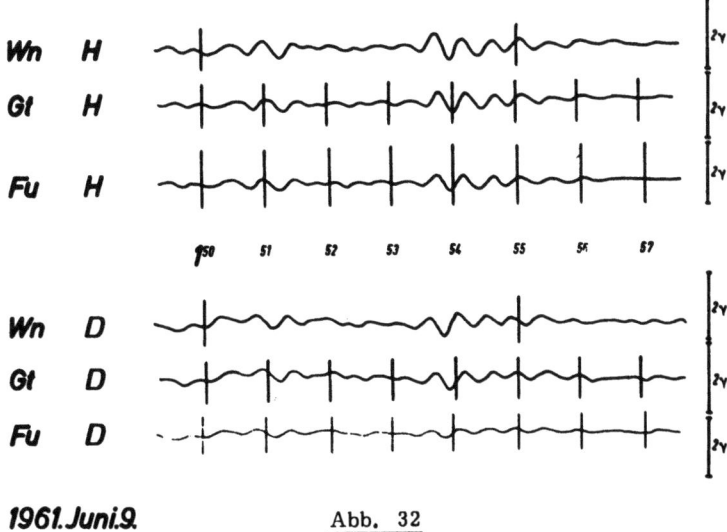

1961. Juni. 9.   Abb. 32

1961. August. 16.   Abb. 33

1961. Juli. 12.   Abb. 34

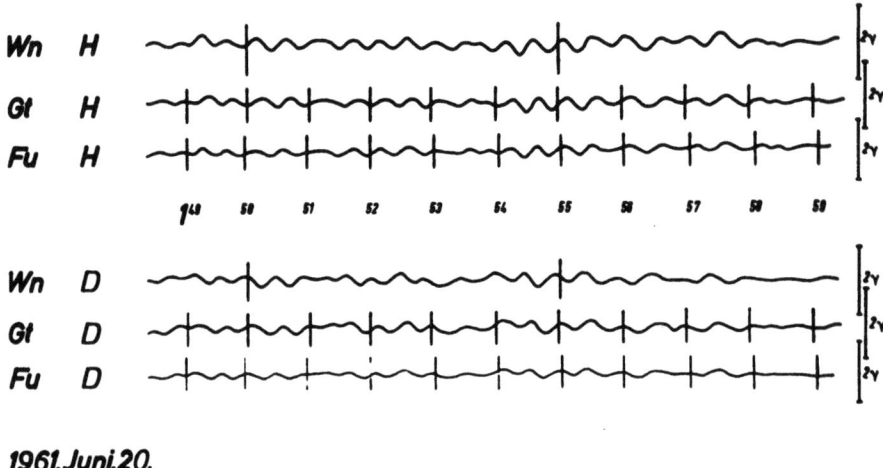

Abb. 35

Auch im Beispiel der Abb. 33 haben die pc-artigen Nachtpulsationen in beiden Horizontalkomponenten die gleichen Perioden, etwa 32 sec in H, und zeigen weitgehenden Gleichlauf an den drei Stationen. Die größten Doppelamplituden in Wingst betragen 1γ in H und 0,5 γ in D.

Der Pulsationszug aus der Nacht des 12. Juli 1961 (Abb. 34) hat in den H-Komponenten der drei Stationen Perioden von 30 sec. Auch in dieser Abbildung hat der Störungsablauf sowohl in H wie in D an den drei Orten das gleiche Aussehen. Die Pulsationen weisen in Wingst in der H-Komponente Amplituden von etwa 0,7 γ und in der D-Komponente von 0,6 γ auf.

Abb. 35 enthält Nachtpulsationen mit sehr kleinen Amplituden. Es betragen hier die maximalen Ausschläge in der H- und D-Komponente nur etwa 0,4 γ. Wieder stimmt der Störungsverlauf in beiden Komponenten in allen drei Observatorien gut überein. Die Perioden der Pulsationen in den H-Komponenten liegen bei 27 sec.

4.5d Statistische Auswertung der pc-Beobachtungen

Die Abhängigkeit des gleichzeitigen Auftretens von Pulsationen unterschiedlicher Periode an den verschiedenen Beobachtungsorten von der Tageszeit soll im folgenden genauer untersucht werden. Gleichzeitig wird versucht, die Periodenverkürzung der pc's nach Süden hin quantitativ zu erfassen.

Zunächst einmal wurden aus den Registrierungen der Monate Juni und Juli 1961 die pc-artigen Störungen während der Nacht und die pc's ausgewählt, die zu gleichen Zeiten in Göttingen und einer der anderen Stationen in der H-Komponente sinusförmige Schwingungen aufwiesen. Es wurden dabei nur solche Effekte berücksichtigt, die mindestens drei aufeinander folgende ungestörte Schwingungen mit einheitlicher Periode enthielten. Die Perioden dieser gleichzeitig an zwei Orten auftretenden Pulsationen wurden dann miteinander verglichen.

Abb. 36 zeigt ein Diagramm, in dem die Perioden der einzelnen pc's der H-Komponente für das Zweistundenintervall von 12^{00} bis 14^{00}h UT in Wingst gegen die Schwingungsdauern der entsprechenden

Effekte in Göttingen aufgetragen sind. In dieser Darstellung repräsentieren die kleinen Kreise einen pc, die größeren zwei Fälle.

Hätten die gleichzeitig auftretenden Pulsationen an beiden Stationen die gleichen Perioden, so würden die ihnen entsprechenden Punkte auf der eingezeichneten 45°-Geraden liegen. Man sieht, daß die meisten Punkte oberhalb dieser Geraden liegen. Die Perioden dieser Pulsationen sind also in Wingst länger als in Göttingen, nur in vier Fällen weisen in diesem Zeitintervall die Pulsationen der Monate Juni und Juli 1961 an beiden Beobachtungsorten gleiche Perioden auf; nicht ein einziger Punkt liegt unterhalb der Geraden, d.h. bei keinem Effekt treten an der nördlicheren Station die kürzeren Perioden auf. Ähnliche Diagramme wie Abb. 36 ergeben sich für andere Tageszeiten und ebenso für das Stationenpaar Gt - Fu.

Als Maß für die Periodenverkürzung der Morgenpulsationen mit abnehmender Breite der Beobachtungsstationen wurden die mittleren Periodenverhältnisse gleichzeitiger pc's von Wingst zu Göttingen ($\overline{T_{Wn}/T_{Gt}}$), bzw. von Fürstenfeldbruck zu Göttingen ($\overline{T_{Fu}/T_{Gt}}$) gewählt. Sie wurden berechnet als Steigungen der besten Nullpunktsgeraden, für die die Summe der Quadrate der senkrechten Abstände der einzelnen Punkte ein Minimum ist, für Punktwolken der in Abb. 36 dargestellten Art.

In Abb. 37 sind diese mittleren Periodenverhältnisse für pc's der Monate Juni und Juli 1961 für Zweistundenintervalle 0 bis 2 h UT, 2 bis 4 h UT, ... in Abhängigkeit von der Zeit dargestellt. Der senkrechte Strich gibt jeweils den mittleren Fehler der mittleren Periodenverhältnisse für jedes Intervall. Man sieht, daß in der Zeit zwischen 0 und 2 h UT die Pulsationen, die an den drei Stationen gleich-

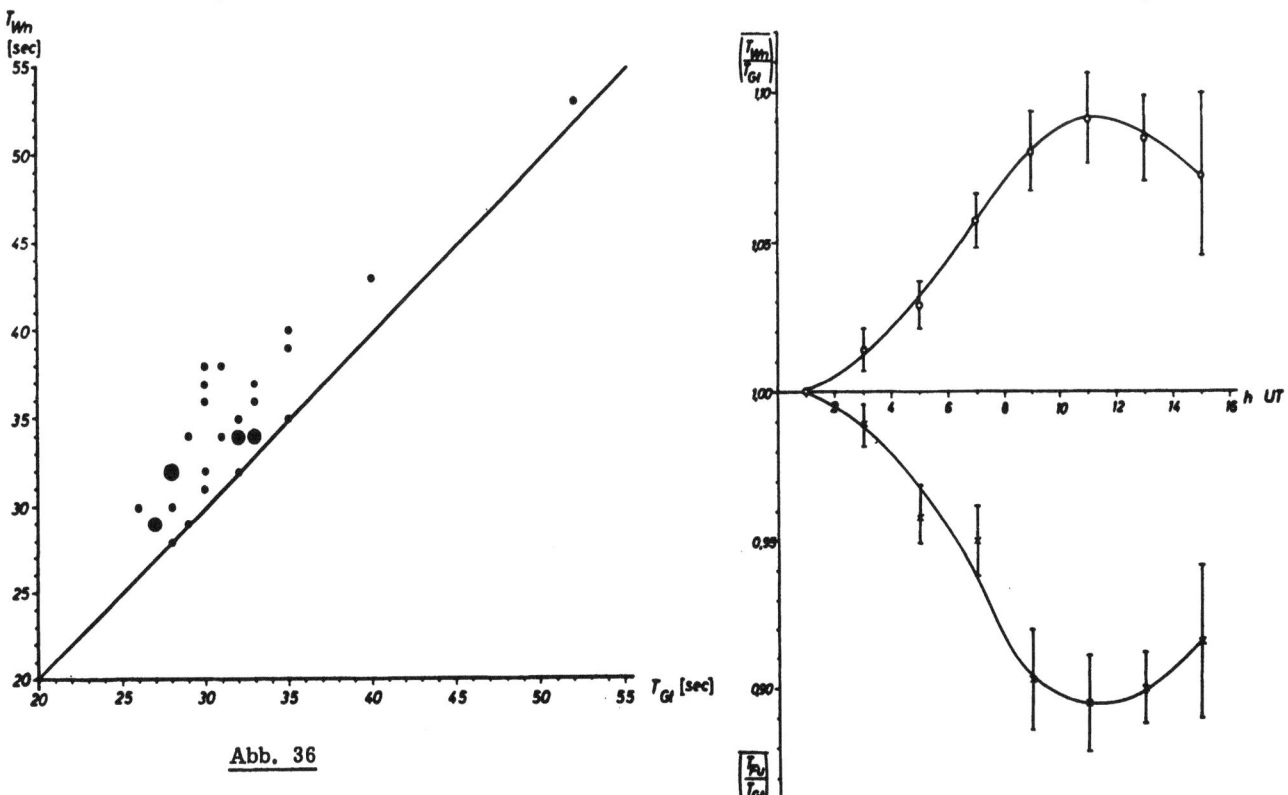

Abb. 36

Abb. 37 (rechts): Mittleres Periodenverhältnis gleichzeitig auftretender Pulsationen der H-Komponente vom Typ pc von Wingst zu Göttingen ($\overline{T_{Wn}/T_{Gt}}$) und Fürstenfeldbruck zu Göttingen ($\overline{T_{Fu}/T_{Gt}}$) für die Monate Juni und Juli 1961 in Abhängigkeit von UT.

zeitig auftreten, noch keine Periodenunterschiede zeigen. Erst später werden die mittleren Periodenverhältnisse von 1 verschieden, und zwar nimmt $(\overline{T_{Wn}/T_{Gt}})$ im Laufe des Vormittags zu und $(\overline{T_{Fu}/T_{Gt}})$ ab. Diese Veränderungen der mittleren Periodenverhältnisse mit zunehmender Tageszeit sind nicht nur auf wachsende Periodenunterschiede der einzelnen Effekte zurückzuführen, sondern auch darauf, daß immer mehr pc's unterschiedliche Perioden aufweisen und nur noch selten Fälle mit gleicher Periode vorkommen. So zeigen in den Mittagsstunden die meisten pc's an den südlicher gelegenen Stationen die kürzeren Perioden (vgl. z.B. Abb. 36).

Beide Kurven in Abb. 37 haben Extremwerte im Intervall zwischen 10 und 12 h UT, also um Mittag nach Ortszeit. Hier betragen die mittleren Periodenverhältnisse $(\overline{T_{Wn}/T_{Gt}})$ = 1,09 und $(\overline{T_{Fu}/T_{Gt}})$ = = 0,89. Nach Mittag fällt das Verhältnis für Wingst und Göttingen ab und steigt für Fürstenfeldbruck und Göttingen wieder an. Trotz der großen mittleren Fehler der Nachmittagswerte, die in der abnehmenden Zahl der pc's zum Spätnachmittag hin (nach 17 h UT treten nur noch selten pc's auf) begründet sind, dürfte dieser Abfall für $(\overline{T_{Wn}/T_{Gt}})$, bzw. der Anstieg für $(\overline{T_{Fu}/T_{Gt}})$ reell sein, da sich ein gleiches Verhalten aus den in Abb. 38 dargestellten, noch zu besprechenden Ergebnissen folgern läßt. Auch die Kurven der mittleren Periodenverhältnisse von Wingst zu Göttingen für die Monate August - September und Oktober - November 1961 zeigen diesen Abfall nach 12 h Ortszeit. Die Periodenverhältnisse für diese Monate liegen etwas unter der entsprechenden Kurve der Abb. 37; die Grenzen der mittleren Fehler der Mittelwerte überschneiden sich aber noch, so daß aus diesen Werten nicht auf einen Gang der Periodenverhältnisse mit der Jahreszeit geschlossen werden darf.

Dieselbe Abhängigkeit des Frequenzinhaltes der Morgenpulsationen der H-Komponente von der Breite und der Gang des mittleren Periodenverhältnisses der pc's von Wingst bzw. Fürstenfeldbruck zu denen in Göttingen mit der Tageszeit ergibt sich ebenfalls, wenn man die mittleren Perioden der pc's für Zweistundenintervalle an allen drei Stationen bestimmt, wie folgt:

Für die magnetisch ruhigen Zeiten (Kp $\leq$ 2+) der Monate Juni und Juli 1961 wurden an allen Stationen in jeder Viertelstunde die vorherrschenden Perioden der pc's der H-Komponente ermittelt. Aus diesen Werten wurden für die Zweistundenintervalle 0 - 2 h UT, 2 - 4 h UT, ... die mittleren Perioden berechnet. Das Ergebnis ist in Abb. 38 dargestellt. Hier sind wieder die mittleren Fehler der mittleren Perioden für die einzelnen Zeitintervalle als Striche eingezeichnet. Man sieht, daß die charakteristischen Perioden der Pulsationszüge einen an den einzelnen Stationen unterschiedlichen Tagesgang aufweisen. Die pc-artigen Störungen in der Nacht zwischen 0 und 2 h UT haben innerhalb der Fehlergrenzen noch gleiche Perioden an den drei Observatorien. Die mittlere Periode dieser Nachtpulsationen beträgt in der H-Komponente 27 sec. Dann wachsen in Wingst und Göttingen die mittleren Perioden an; der Anstieg mit der Tageszeit ist in Wingst stärker als in Göttingen. In Fürstenfeldbruck ändern sich die Perioden bis gegen 8 h UT nur wenig, vielleicht fallen sie geringfügig ab, dann werden auch hier die Schwingungsdauern länger. Um Mittag nach Ortszeit (11^{24}h UT) betragen die mittleren Perioden etwa 39 sec in Wingst, 32 sec in Göttingen und 27 sec in Fürstenfeldbruck; für die letzten, gegen 17 h UT noch vereinzelt auftretenden pc's, sind die Perioden in Wingst auf 42 sec, in Göttingen auf 36 sec und in Fürstenfeldbruck auf 33 sec angestiegen.

Die in gleicher Weise gewonnen Tagesgänge der mittleren Perioden in den H-Komponenten von Wingst und Göttingen für den Januar 1962 fallen innerhalb der Fehlergrenzen mit den Kurven für die Sommermonate zusammen.

Der Vergleich der Tagesgänge der mittleren Perioden für die drei Stationen zeigt wieder, daß an den Orten niedriger Breite die kürzeren Schwingungsdauern überwiegen. Bildet man aus den mittleren Perioden der pc's an den drei Observatorien für jedes Zweistundenintervall die Verhältnisse

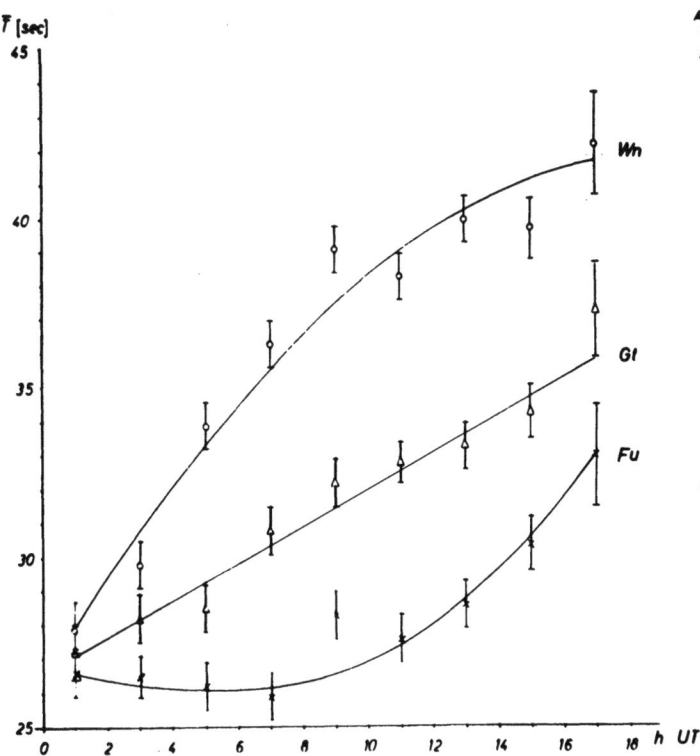

Abb. 38: Tagesgang der mittleren Periode von pc's der H-Komponente an den Stationen Wingst, Göttingen und Fürstenfeldbruck in den Monaten Juni und Juli 1961.

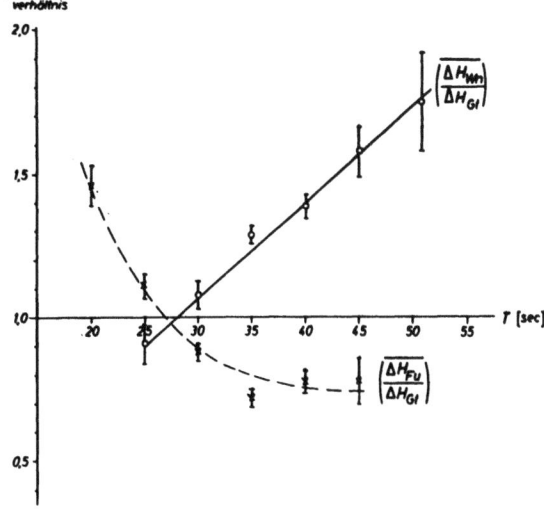

Abb. 39: Mittlere Amplitudenverhältnisse der pc's der H-Komponente von Wingst zu denen von Göttingen $(\overline{\Delta H_{Wn}/\Delta H_{Gt}})$ und von Fürstenfeldbruck zu denen von Göttingen $(\overline{\Delta H_{Fu}/\Delta H_{Gt}})$ in Abhängigkeit von der Pulsationsperiode für die Monate Juni, Juli und August 1961.

$\overline{T_{Wn}} / \overline{T_{Gt}}$ und $\overline{T_{Fu}} / \overline{T_{Gt}}$, so weisen diese eine ähnliche Abhängigkeit von der Tageszeit auf, wie sie für die Periodenverhältnisse gleichzeitig an zwei Orten auftretender pc's gefunden wurden. Die Werte $\overline{T_{Wn}} / \overline{T_{Gt}}$ und $\overline{T_{Fu}} / \overline{T_{Gt}}$, aufgetragen über UT, ergeben den gleichen Verlauf wie die Kurven der Abb. 37 mit Extremwerten um ebenfalls 11 h UT und insbesondere einen Abfall von $\overline{T_{Wn}} / \overline{T_{Gt}}$ bzw. einen Anstieg von $\overline{T_{Fu}} / \overline{T_{Gt}}$ nach dem höchsten Sonnenstand; nur ist das Verhältnis $\overline{T_{Wn}} / \overline{T_{Gt}}$ immer etwas größer als $\overline{(T_{Wn} / T_{Gt})}$ für die gleichzeitig an zwei Stationen auftretenden pc's, bzw. $\overline{T_{Fu}} / \overline{T_{Gt}}$ etwas kleiner als $\overline{(T_{Fu} / T_{Gt})}$ in Abb. 37.

Durch Vergleich der Amplituden von pc's der H-Komponente aus den Monaten Juni, Juli und August 1961, die in Göttingen und einer der anderen beiden Stationen gleichzeitig in Zeiten mit Kp ≦ 3+ auftraten, wurden die mittleren Amplitudenverhältnisse $\overline{(\Delta H_{Wn}/\Delta H_{Gt})}$ und $\overline{(\Delta H_{Fu}/\Delta H_{Gt})}$ gewonnen; sie erweisen sich als abhängig von den Pulsationsperioden. In Abb. 39 sind diese mittleren Amplitudenverhältnisse als Funktionen der Pulsationsperioden aufgetragen; die mittleren Fehler der Verhältnisse sind wieder eingezeichnet.

Man entnimmt dieser Darstellung, daß im Mittel die Amplituden der pc's mit Perioden über 27 sec mit der Breite des Beobachtungsortes anwachsen. Diese Zunahme der Amplituden mit der Breite ist umso stärker, je länger die Perioden der betrachteten Effekte sind. Gleichzeitig auftretende Morgenpulsationen in den H-Komponenten mit Schwingungsdauern um 27 sec zeigen an den drei Stationen etwa gleich große Ausschläge. Für pc's mit Perioden unter 27 sec steigen die Amplituden stark nach Süden hin an. Dieses Verhalten der Amplituden der pc's unterstreicht noch einmal das bevorzugte Auftreten von Pulsationen kürzerer Perioden nach Süden hin, wie es auch die Periodenvergleiche für die pc's der H-Komponente zeigten.

Die in der Nacht auftretenden pc-artigen Pulsationen weisen in ihrem engeren Periodenintervall die gleichen mittleren Amplitudenverhältnisse auf wie die pc's. Da diese Pulsationen zumeist Perioden um 27 sec haben (siehe Abb. 38), sind ihre Amplituden im Mittel an allen drei Stationen etwa gleich groß.

Ein Vergleich der Amplituden in D und H bei einigen pc's zeigt, daß auch für diese Pulsationen das Verhältnis von $\Delta D/\Delta H$ die in Abb. 14 dargestellte Abhängigkeit von der Tageszeit hat. Während bei den pc-artigen Pulsationen in der Nacht die Ausschläge der D- und H-Komponente etwa gleich groß sind, beherrschen bei den nur tagsüber auftretenden pc's die Störungen der H-Komponente das Bild, hier betragen die Amplituden in D nur etwa ein Viertel bis zur Hälfte der Ausschläge in H.

Zusammenfassend läßt sich sagen, daß die Morgenpulsationen an den drei Stationen ein anderes Verhalten zeigen, als die in 4.4 beschriebenen pt's.

Die pc's haben in den H-Komponenten einen weitgehend unabhängigen Schwingungsverlauf an den drei Observatorien. Es treten hier während der Morgen- und frühen Nachmittagsstunden gleichzeitig Pulsationen mit unterschiedlichen Perioden in Wingst, Göttingen und Fürstenfeldbruck auf. Dabei sind an den südlicher gelegenen Beobachtungsorten die Perioden durchweg kürzer. Demgegenüber haben die pc's in der D-Komponente an allen drei Stationen einen noch etwa gleichartigen Schwingungsverlauf.

Pulsationen, die ihrem Frequenzinhalt und ihrem Erscheinungsbild nach zu den pc's zählen, aber noch in der Nacht zwischen 0 und 3 h UT auftreten, zeigen sowohl in der H- wie in der D-Komponente an allen drei Observatorien einen völlig parallelen Störungsverlauf.

Die Amplituden der pc's der H-Komponente wachsen für Pulsationen mit Perioden über 27 sec mit zunehmender Breite des Beobachtungsortes an, für kürzerperiodische pc's nimmt die Amplitude nach Süden hin zu. Die in der Nacht auftretenden pc-artigen Störungen haben im Mittel an allen drei Stationen etwa die gleichen Amplituden in den H-Komponenten.

In der Nacht und in den frühen Morgenstunden sind die Amplituden der pc-artigen Störungen in der H- und D-Komponente etwa von gleicher Größe (teils überwiegen die Ausschläge in D), mit zunehmender Tageszeit fällt das Verhältnis D/H ab. Am Tage bestimmen die Pulsationen der H-Komponente das Bild, sie weisen dann drei- bis viermal so starke Ausschläge auf wie die gleichzeitigen Störungen in der D-Komponente.

4.5e Vergleich der Ergebnisse mit den Beobachtungen und Deutungsversuchen anderer Autoren

Ein Auftreten von pc's unterschiedlicher Periode an drei australischen Stationen wird auch von Duncan [9] beschrieben. In Australien wurde die Z-Komponente der Pulsationen mit Hilfe horizontaler Schleifen mit anschließenden Galvanometer-Photozellen-Verstärkern durch Tintenschreiber (Vorschub 6 inch/h = 15,2 cm/h, also erheblich kleinere zeitliche Auflösung der Schwingungen als in Göttingen) und zeitweise auf Tonband aufgezeichnet. Aus diesen Registrierungen fand Duncan ebenfalls einen Anstieg der Perioden nach höheren Breiten hin. Er gibt als Zentralwert der ausgemessenen Perioden der pc's in Z um Mittag Ortszeit für Townsville ($\Lambda = -29°$) 19 sec, für Adelaide ($\Lambda = -45°$) 23 sec und für Hobart ($\Lambda = -52°$) 29 sec an.

Aus früheren Registrierungen an denselben Stationen konnte demgegenüber Ellis [12] keine Abhängigkeit der Pulsationsperioden von der Breite feststellen.

Entnimmt man aus Abb. 38 die mittlere Periode der pc's der H-Komponente um Mittag Ortszeit für Göttingen, so ist sie mit 32 sec um 3 sec länger als der von Duncan für Hobart (diese Station hat eine Göttingen entsprechende geomagnetische Breite auf der Südhalbkugel) angegebene Zentralwert der Pulsationsperioden für pc's in der Z-Komponente. Diese Differenzen in den Ergebnissen können außer in der Verwendung unterschiedlicher statistischer Maßzahlen und verschiedenen Materials (in Göttingen wurden nur pc's aus Zeiten mit $Kp \leq 2+$ verwendet) durch die Auswertung der pc's einmal der H-Komponente in Göttingen und zum anderen der Z-Komponente in Hobart begründet sein. Gerade das Aussehen der Z-Komponente wird durch die im Untergrund durch magnetische Störungen induzierten Ströme stark beeinflußt. So zeigen die Pulsationen der Z-Komponente in Göttingen und Wingst einen guten Gleichlauf mit den Schwankungen in der D-Komponente; da die pc's der D-Komponente an beiden Stationen aber weitgehend parallel laufen, würden sich auch die mittleren Perioden der pc's von Wingst und Göttingen nicht so stark unterscheiden wie in der H-Komponente.

Das gleichzeitige Auftreten von Pulsationen unterschiedlicher Perioden an verschiedenen Orten zeigen auch die Beispiele, die von Jacobs und Obayashi [23, 25] durch Zusammenstellen von magnetischen Hauptregistrierungen (Vorschub 2 cm/h) verschiedener Observatorien gewonnen wurden. Sie fanden bei Pulsationen am Beginn von Baystörungen, also vor allem bei pt's, eine Zunahme der Periode mit wachsender geomagnetischer Breite. Jacobs und Obayashi leiteten zunächst eine lineare Beziehung zwischen den Pulsationsperioden und $(\cos \Lambda)^{-2}$ ab, wobei Λ die geomagnetische Breite ist. Auf dem Kopenhagener Treffen der IUGG im Juli 1960 berichtete Jacobs [16], daß die von ihm abgeleitete Beziehung zwischen der Periode der Pulsationen und der Breite ungültig ist.

Die von Jacobs und Obayashi gezeigten Beispiele haben durchweg längere Perioden (etwa 60 sec in Niemegk) als die pc's, für die in dieser Arbeit unterschiedliche Schwingungsdauern an den drei Stationen Wingst, Göttingen und Fürstenfeldbruck gefunden wurden. Die pt's, die ihren Perioden nach den bei Jacobs und Obayashi gezeigten Beispielen entsprechen, weisen an diesen drei Orten keine Periodenunterschiede auf.

Eine Abhängigkeit der Perioden der Pulsationen von der geomagnetischen Breite ergibt sich aus einer Theorie von Dungey [10, 11] über die mögliche Entstehung von Pulsationen.

Dungey versucht die geomagnetischen Pulsationen durch hydromagnetische Schwingungen der äußeren Atmosphäre zu erklären. Ausgehend von der Bewegungsgleichung eines quasineutralen Plasmas und den Maxwell'schen Gleichungen leitet Dungey die verallgemeinerte Alfvén'sche Wellengleichung her. Dabei werden verschiedene vereinfachende Annahmen gemacht. So wird das Gas als ideal leitend (vollionisiert, keine Neutralteilchen) angenommen, der Gasdruck und die Gravitationskraft vernachlässigt, ebenso wie Terme, die die zeitliche Änderung der Stromdichte und den Hallstrom enthalten. Dazu wird das Störungsmagnetfeld als klein gegen das Dipolfeld H_o angenommen.

Umschreibung der Wellengleichung auf Kugelkoordinaten liefert zwei Differentialgleichungen, die im allgemeinen miteinander gekoppelt sind. Die Annahme, daß die Störung keine Abhängigkeit von der geomagnetischen Länge zeigt, führt zu einer Entkopplung der Gleichungen. Dabei liefert die eine Gleichung eine poloidale Schwingung, deren zugehöriges Magnetfeld nur Komponenten in der Meridianebene besitzt. Die zweite Differentialgleichung beschreibt eine toroidale Schwingung, bei der das Magnetfeld nur eine H_φ-Komponente, also eine D-Komponente hat. Diese Gleichung lautet:

$$\frac{d}{d\lambda} \cdot \left[\sec \lambda \; \frac{d}{d\lambda} (v_\varphi \cdot \sec^3 \lambda \,) \right] = -\frac{4\pi \cdot \rho_o(\lambda) \, \omega^2}{M^2} \, r_o^8 \, \cos^{10}\lambda \cdot v_\varphi \qquad (7)$$

Dabei ist: λ die geomagnetische Breite an dem betrachteten Ort der Feldlinie,

v_φ die Geschwindigkeitskomponente des Plasmas in azimutaler Richtung,

M der Betrag des Dipolmomentes der Erde,

ω die Kreisfrequenz der Schwingung von v_φ,

r_o die Entfernung des Scheitelpunktes der betrachteten Feldlinie vom Erdmittelpunkt,

$\rho_o(\lambda)$ die Dichte des Plasmas längs der durch den Äquatorabstand r_o gekennzeichneten Feldlinie.

Unter Annahme einer konstanten Plasmadichte von $\rho_o(\lambda) = 10^{-21}$ g/cm^3 (das entspricht 600 Protonen/cm^3) berechnet <u>Dungey</u> die Grundperioden der toroidalen Schwingungen zu näherungsweise

$$T_1 \approx 0{,}65 \cdot \sec^8 \lambda_o \; [\text{sec}] \quad \text{für} \quad 40^\circ \leq \lambda_o \leq 70^\circ \, ,$$

wobei λ_o die geomagnetische Breite ist, an der die betrachtete Feldlinie die Erdoberfläche schneidet (geomagnetische Breite des Beobachtungsortes). Für die drei Stationen ergeben sich dann folgende Grundperioden:

Fürstenfeldbruck	$\lambda_o = 48{,}9^\circ$	$T_1 = 18{,}6$ sec
Göttingen	$\lambda_o = 52{,}3^\circ$	$T_1 = 33{,}2$ sec
Wingst	$\lambda_o = 54{,}6^\circ$	$T_1 = 51{,}2$ sec

Nach <u>Siebert</u> [27] läßt sich die Differentialgleichung (7) exakt lösen für den Fall, daß

$$\rho_o(\lambda) = \frac{\rho_o(r_o)}{(1-\sin^2\lambda)^6} = \rho_o(r_o) \sec^{12}\lambda = \rho_o(a) \left(\frac{a}{r}\right)^6 \qquad (8)$$

gesetzt wird.

Dabei nimmt die Differentialgleichung die Form einer gewöhnlichen Schwingungsgleichung an und liefert folgende Schwingungsdauern

$$T = \frac{8a^4}{nM} \cdot \sqrt{\pi \cdot \rho_o(a)} \cdot \frac{\sin \lambda_o}{\cos^2 \lambda_o} \, , \qquad (9)$$

wobei a der Erdradius,

$\rho_o(a)$ die Dichte des Plasmas an der Erdoberfläche,

λ_o die geomagnetische Breite an der Erdoberfläche ist.

n gibt an, ob es sich um die Grundschwingung (n=1), die erste Oberschwingung (n=2) ... u.s.w. handelt.

Denselben Ausdruck (9) leiten auch <u>Jacobs und Obayashi</u> [23, 25] her, indem sie die hydromagnetische Schwingung als Schwingung einer magnetischen Feldlinie nach der Wellengleichung einer gespannten Saite behandeln und aus der aus magnetischen Registrierungen statistisch ermittelten Breitenabhängigkeit der Pulsationsperioden mögliche Dichtegesetze für das Plasma ausrechnen. Darunter befindet sich auch die oben angegebene (8) r^{-6}-Abhängigkeit. Im folgenden wird auch der von ihnen angegebene Wert für die Anzahl der Ionen in der Ionosphäre benutzt.

Setzt man in (9) die Werte

$$a = 6{,}371 \cdot 10^8 \text{ cm}, \quad M = 8{,}06 \cdot 10^{25} \Gamma \cdot \text{cm}^3$$

$$\rho_o(a) = m_i \cdot N(a)$$

mit $\quad m_i = 1{,}6723 \cdot 10^{-24}$ g und $N(a) = 8{,}52 \cdot 10^5 \cdot \text{cm}^{-3}$

ein, so erhält man

$$\text{für Fürstenfeldbruck} \quad T = \frac{60{,}3}{n} \text{ sec}$$
$$\text{für Göttingen} \quad T = \frac{73{,}2}{n} \text{ sec}$$
$$\text{und für Wingst} \quad T = \frac{84}{n} \text{ sec}$$

als Perioden der toroidalen Schwingungen. Für die erste Oberschwingung (n=2) ergeben sich in diesem Modell Perioden mit einer Breitenabhängigkeit, die etwa den beobachteten entsprechen, während die Annahme einer konstanten Plasmadichte zu Werten führt, die erheblich größere Periodenunterschiede zwischen den drei Stationen zeigen, als in Wirklichkeit auftreten.

Allerdings werden die gleichzeitigen pc's mit unterschiedlichen Perioden an den drei Stationen in der H-Komponente beobachtet, während nach der Theorie von Dungey die toroidalen Schwingungen, die nur eine magnetische D-Komponente aufweisen, diese Zunahme der Schwingungsdauer mit wachsender Breite zeigen sollten. Gerade die D-Komponente der registrierten pc's enthält aber durchgehend unregelmäßigere und sehr viel schwächere Pulsationen als die H-Komponente und zeigt an den drei Stationen noch etwa einen Gleichlauf. Das vorwiegende Auftreten der Morgenpulsationen in der H-Komponente würde eher mit den poloidalen Schwingungen in der Dungey'schen Theorie übereinstimmen. Die Perioden dieser poloidalen Schwingungen wiederum sollten keine Breitenabhängigkeit zeigen.

Auch Westphal und Jacobs [32] gehen bei ihrem Versuch zur Erklärung der Pulsationen von der verallgemeinerten Alfvén'schen Wellengleichung aus, die sie in Zylinderkoordinaten umschreiben. Das ungestörte Magnetfeld liegt in einer Ebene senkrecht zur Zylinderachse (der Zylinder repräsentiert die Erde) und hat keine Komponente in Achsenrichtung. Für eine Art Dipolfeld und konstante Plasmadichte erhalten sie eine ähnliche Abhängigkeit der Perioden der toroidalen Schwingungen von der Breite wie Dungey. Außerdem berechnen Westphal und Jacobs die Eigenperioden der toroidalen Schwingungen für eine Art Dipolfeld und variable Plasmadichte nach Dessler [7] und für ein komprimiertes, auf eine den ursprünglichen Zylinder umgebende Röhre (beim Kugelmodell die "cavity") beschränktes Dipolfeld [24] bei konstanter und variabler Plasmadichte. Bei allen diesen Modellen ergeben sich Abhängigkeiten der Pulsationsperioden von der "geomagnetischen Breite", allerdings immer für die toroidalen Schwingungen, die ja den Pulsationen in der D-Komponente entsprechen, während nach Beobachtungen die Periodenunterschiede in der H-Komponente auftreten.

Andere Autoren (Holmberg [15], Lehnert [20], Maple [21], Campbell [5]) suchen demgegenüber den Ursprung der Pulsationen in der Ionosphäre. Aber auch diese Theorien geben das beobachtete Verhalten der pc's, insbesondere die Periodenabhängigkeit von der Breite, nicht wieder.

5. Zusammenfassung und Schluß

Zum Abschluß dieser Arbeit sollen die wichtigsten Aussagen, die sich über das Verhalten der an den drei Stationen Wingst, Göttingen und Fürstenfeldbruck gleichzeitig auftretenden Pulsationen gewinnen ließen, noch einmal zusammengefaßt werden.

Die pt's beherrschen am späten Nachmittag und in der Nacht die Pulsationsregistrierung. Sie setzen an den drei Stationen gleichzeitig ein und weisen einen parallelen Störungsablauf sowohl in der H- wie in der D-Komponente auf; insbesondere zeigen sich bei diesen Wellenzügen keine Unterschiede der Perioden zwischen Wingst, Göttingen und Fürstenfeldbruck. Die Amplitudenverhältnisse in der H-Komponente betragen $\Delta H_{Wn}/\Delta H_{Gt} = 1,55$ und $\Delta H_{Fu}/\Delta H_{Gt} = 0,92$ und in der D-Komponente $\Delta D_{Wn}/\Delta D_{Gt} = 1,11$ und $\Delta D_{Fu}/\Delta D_{Gt} = 0,71$. In Göttingen weisen die pt's in der D-Komponente gegenüber den anderen Stationen zu große Amplituden auf, was vermutlich auf eine in Nord-Süd-Richtung erstreckte elektrische Leitfähigkeitsanomalie des Untergrundes in der Göttinger Umgebung zurückzuführen ist.

Auch die noch vor Sonnenaufgang zwischen 0 und 3 h UT auftretenden Pulsationen, die ihrem Erscheinungsbild nach den pc's gleichen, zeigen in H und D an den drei Stationen einen vollkommenen Parallellauf. Im Mittel betragen ihre Schwingungsdauern an allen Beobachtungsorten etwa 27 sec. Die Amplituden dieser Nachtpulsationen sind in der H-Komponente an allen drei Stationen etwa gleich groß; auch hierin ähneln diese Pulsationen den pc's, die für Schwankungen in H mit Perioden von 27 sec gleiche Ausschläge an allen drei Observatorien aufweisen.

Anders als die Nachtpulsationen verhalten sich die am Morgen und in den frühen Nachmittagsstunden auftretenden pc's. Sie haben in der H-Komponente an den verschiedenen Stationen einen weitgehend unabhängigen Schwingungsverlauf. Dabei zeigen gleichzeitige Effekte in H meistens unterschiedliche Perioden an den drei Beobachtungsorten, und zwar wächst die Schwingungsdauer mit zunehmender geomagnetischer Breite der Observatorien an. Diese Periodenverkürzung nach Süden hin beginnt am Morgen erst mit Sonnenaufgang. Die Periodenunterschiede zwischen den pc's der H-Komponenten der verschiedenen Orte nehmen dann im Laufe des Vormittags zu und erreichen ihren größten Wert gegen Mittag nach Ortszeit. Dann betragen die mittleren Periodenverhältnisse gleichzeitig auftretender Pulsationen $\overline{(T_{Wn}/T_{Gt})} = 1,09$ und $\overline{(T_{Fu}/T_{Gt})} = 0,89$. Nach Mittag fällt das Verhältnis für Wingst und Göttingen ab und steigt für Fürstenfeldbruck und Göttingen wieder an. Dieses Verhalten folgt auch aus einer Untersuchung der Abhängigkeit der Pulsationsperioden von der Tageszeit während magnetisch ruhiger Intervalle (Kp≦2+) für die H-Komponente jeder der drei Stationen. Während zwischen 0 und 2 h UT die Pulsationsperioden an allen drei Beobachtungsorten im Mittel 27 sec betragen, wachsen später in Wingst und Göttingen die Schwingungsdauern an; der Anstieg mit der Tageszeit ist in Wingst stärker als in Göttingen. In Fürstenfeldbruck ändern sich die Perioden bis gegen 8 h UT nur wenig, dann werden auch hier die Schwingungsdauern länger. Um Mittag nach Ortszeit betragen die mittleren Perioden in Wingst etwa 39 sec, in Göttingen 32 sec und in Fürstenfeldbruck 27 sec; für die letzten gegen 17 h UT noch vereinzelt auftretenden pc's sind die mittleren Perioden in Wingst auf 42 sec, in Göttingen auf 36 sec und in Fürstenfeldbruck auf etwa 33 sec angestiegen.

Die Amplituden der pc's in der H-Komponente wachsen für Pulsationen mit Perioden über 27 sec mit der Breite des Beobachtungsortes; dabei ist die Zunahme der Amplitude mit der Breite umso stärker, je länger die Perioden der betreffenden pc's sind. Gleichzeitig auftretende Morgenpulsationen mit Schwingungsdauern um 27 sec weisen an allen Stationen etwa gleiche Ausschläge auf und für Störungen mit Perioden unter 27 sec steigt die Amplitude nach Süden hin an.

Die Amplituden der pc's in der D-Komponente betragen nur etwa ein Drittel der Ausschläge in H. Auch ist der Störungsverlauf in D im allgemeinen viel unregelmäßiger als in H. Im Gegensatz zur H-Komponente zeigen die Morgenpulsationen in der D-Komponente noch einen annähernden Gleichlauf an den drei Stationen. Hier wurden keine auffälligen Periodenunterschiede festgestellt, obwohl nach den Theorien von Dungey, Obayashi, Jacobs und Westphal gerade die Pulsationen der D-Komponente eine deutliche Breitenabhängigkeit zeigen sollten.

Ebenfalls in den Stunden von etwa Sonnenaufgang bis zum frühen Nachmittag treten vereinzelt isolierte Störungen auf, die an den drei Stationen gleichzeitig beginnen. Diese hier als "pulsation single effects" (pse's) bezeichneten Einzeleffekte haben in der H-Komponente das Aussehen einer gedämpften Schwingung; der Störungsverlauf in der D-Komponente ist unregelmäßiger. Bei allen sieben in den Monaten Juni, Juli und August 1961 registrierten pse's nimmt in der H-Komponente die Pulsationsperiode stark nach Süden hin ab. Die mittleren Schwingungsdauern dieser Einzeleffekte in H betragen 42 sec in Wingst, 32 sec in Göttingen und 26 sec in Fürstenfeldbruck. Demgegenüber zeigen die Schwankungen in der D-Komponente auch hier einen weitgehenden Parallellauf an den drei Observatorien; insbesondere ist keine Periodenzunahme mit der Breite zu beobachten. In ihren Amplitudenverhältnissen gleichen die pse's in der H-Komponente den pc's; als mittlere Amplitudenverhältnisse ergeben sich

$$\Delta H_{Wn}/ \Delta H_{Gt} = 1,25 \text{ und } \Delta H_{Fu}/ \Delta H_{Gt} = 0,83.$$

Für alle Pulsationen unterliegt das Verhältnis der Amplituden von D- und H-Komponente einem Gang mit der Tageszeit. Am Tage beherrschen die Störungen der H-Komponente das Bild der Registrierung. Das Minimum des Verhältnisses $\Delta D/ \Delta H$ liegt etwa um 15 h UT. Hier betragen die Amplituden der Pulsationen in D nur etwa ein Viertel der Ausschläge in H. Zum Abend hin nimmt $\Delta D/ \Delta H$ zu; um etwa 23 h UT sind die Amplituden der D- und H-Komponente im Mittel gleich. Danach überwiegen bis 4 h UT die Amplituden in D, später nimmt bis über Mittag hinaus $\Delta D/ \Delta H$ monoton ab.

Es ist vorgesehen, in Mittelschweden und bei Kiruna zwei weitere, den hier benutzten Instrumenten entsprechende Registriereinrichtungen aufzubauen. Mit Hilfe dieser etwa in Nord-Süd-Richtung erstreckten Kette von Stationen mit gleichartigen Apparaturen ist es vielleicht möglich, neben weiteren Aussagen über das Verhalten der Pulsationen eine genauere Beziehung zwischen den Pulsationsperioden und der geomagnetischen Breite zu gewinnen.

Daneben wäre es anzustreben, ein Ost-West-Profil mit gleichartigen Pulsationsinstrumenten zu besetzen, um auch die Abhängigkeit der Pulsationen von der Länge zu untersuchen.

Herrn Prof. Dr. J. Bartels und Herrn Dr. M. Siebert möchte ich für wohlwollende Förderung meiner Arbeit und für zahlreiche Hinweise danken.

Dem Deutschen Hydrographischen Institut bin ich für die Betreuung der Pulsationsinstrumente im Observatorium Wingst und dem Erdphysikalischen Observatorium der Universität München in Fürstenfeldbruck für die Überlassung der Magnetogramme zu großem Dank verpflichtet.

Literaturverzeichnis

[1] Angenheister, G.: Die Registrierung und Diskussion erdmagnetischer Pulsationen
Gerl. Beitr. 64, 108 - 132, 1954

[2] Angenheister, G. und v. Consbruch, C.:
Pulsationen des erdmagnetischen Feldes in Göttingen von 1953 - 1958,
1. Teil Z. Geophys. 27, 3 - 12, 1961

[3] Angenheister, G. und v. Consbruch, C.:
Pulsationen des erdmagnetischen Feldes in Göttingen von 1953 - 1958,
2. Teil Z. Geophys. 27, 103 - 111, 1961

[4] Bartels, J.: The Geomagnetic Measures for the Time-Variations of Solar Corpuscular Radiation, described for Use in Correlation Studies in other Geophysical Fields
J G Y Annals, Vol. 4, 227 - 236

[5] Campbell, W. H.: Concerning the Nature of Short-Period Magnetic Micropulsations
J. Geophys. Res. 65, No. 6, 1843 - 1845, 1960

[6] Castet, J.: Variomètre électromagnétique pour l'enregistrement des variations rapides du champ magnétique terrestre
Ann. Géophys. 5, No. 3, 214 - 215, 1949

[7] Dessler, A. J.: The Propagation Velocity of Worldwide Sudden Commencements of Magnetic Storms
J. Geophys. Res., 63, 405 - 408, 1958

[8] Duffus, H. J. und Shand, J. A.:
Canad. J. Phys. 36, 508, 1958

[9] Duncan, R. A.: Some Studies of Geomagnetic Micropulsations
J. Geophys. Res., 66, 2087 - 2094, 1961

[10] Dungey, J. W.: The Propagation of Alfvén Waves through the Ionosphere
Penn. State Univ. Ionos. Research.
Lab. Sci. Rep. No. 57, 1945

[11] Dungey, J. W.: Electrodynamics of the Outer Atmosphere
Penn. State Univ. Ionos. Research Lab. Sci. Rep. No. 69, 1954

[12] Ellis, G. R. A.: Geomagnetic Micropulsations
Austral. J. Phys., 13, 625 - 632, 1960

[13] Fleischer, U.: Charakteristische erdmagnetische Baystörungen in Mitteleuropa und ihr innerer Anteil
Z. Geophys. 20, 120 - 136, 1954

[14] Grenet, G.: Variomètre électromagnétique pour l'enregistrement des variations rapides du champ magnétique terrestre
Ann. de Géophys., 5, No. 3, 188 - 195, 1949

[15] Holmberg, E. R. R.: A Discussion of the Origin of Rapid Periodic Fluctuations of the Geomagnetic Field and a New Analysis of Observational Material
Ph. D. Thesis, London, Univ., 1951

[16] Jacobs, J. A. (as reported in):
Trans. Am. Geophys. Union
41, 627, 1960

[17] Jaeschke, R.: Ein Horizontalvektograph zur Registrierung erdmagnetischer Pulsationen: Aufbau und erste Auswertung
Abh. Akad. Wiss. Göttingen, Math.-Phys. Kl.,
Beitr. Int. Geophys. Jahr, Heft 8, 1962

[18] Kertz, W. und Freiburg, Chr.:
Anordnung von Stabmagneten zur Erzeugung homogener Feldbereiche
Z. Geophys. 26, 227 - 235, 1960

[19] Kremser, G.: Ergebnisse erdmagnetischer Tiefensondierung in der Umgebung von Göttingen
Z. Geophys. 28, 1 - 10, 1962

[20] Lehnert, B.: Magneto-hydrodynamic Waves in the Ionosphere and their Application to Giant Pulsations
Tellus 8, 111 - 132, 1957

[21] Maple, E.: Geomagnetic Oscillations at Middle Latitudes
J. Geophys. Res., 64, No. 10, 1395 - 1409, 1959

[22] Meyer, E. und Moerder, C.: Spiegelgalvanometer und Lichtzeigerinstrumente
Technisch-Phys. Monographien
Bd. 5, Leipzig, 1957

[23] Obayashi, T.: Geomagnetic Storms and the Earth's Outer Atmosphere
Rept. Ionos. Res. Japan, 12 (3), 301 - 335, 1958

[24] Obayashi, T. and Hakura, J.:
Enhanced Ionization in the Polar Ionosphere caused by Solar Corpuscular Emission.
Rep. Jonos. Space Res. Japan 14, 1, 1960

[25] Obayashi, T. and Jacobs, J. A.:
Geomagnetic Pulsations and the Earth's Outer Atmosphere
Geophys. J. Royal Astr. Soc. Vol 1, 53 - 63, 1958

[26] Schmucker, U.:
Erdmagnetische Tiefensondierung in Deutschland 1957/59:
Magnetogramme und erste Auswertung
Abh. Akad. Wiss. Göttingen, Math.-Phys. Kl., Beitr. Int. Geophys. Jahr, Heft 5, 1959

[27] Siebert, M.:
Persönliche Mitteilung

[28] Theis, H.:
Über erdmagnetische Pulsationen
Ergänzungsheft zur Deutschen Hydr. Zeitschr.
Reihe A, Nr. 4, 1957

[29] Thellier, E.:
An Enquiry into Equipment for Recording Rapid Changes in the Earth's Magnetic Field
Instruction Manual, Geomagnetism, CSAGI

[30] Voelker, H.:
Zur Breitenabhängigkeit der Perioden erdmagnetischer Pulsationen
Naturw. $\underline{49}$, 1, 8 - 9, 1962

[31] Watanabe, T.:
Morphology of the Geomagnetic Pulsations
J. Geomagn. and Geoelectricity
Soc. of Terr. Magn. and El. of Japan; Vol. 10, No. 4, 177 - 184, 1959

[32] Westphal, K. O. und Jacobs, J. A.:
Oscillations of the Earth's Outer Atmosphere and Micropulsations
Geophys. J. Roy. Astr. Soc. $\underline{6}$, 306 - 376, 1962

Additional information of this book
(Der Teichbau; 978-3-540-03024-9) is provided:

http://Extras.Springer.com

ANHANG I

Beispiel einer 24 - stündigen Pulsationsregistrierung der Station Göttingen

ANHANG II

Schlüsse von der Registrierung auf den wirklichen Verlauf der magnetischen Störungen

Eine magnetische Störung, z.B. ein Anstieg der Feldstärke, bringt die Pulsationsinstrumente zum Ausschlag; da die Apparatur im Kriechfall ist, erreicht die Registrierspur erst eine gewisse Zeit nach Beendigung der Störung wieder die Nullage. Diese apparatebedingte "Abklingzeit" liegt bei Störungen mit Amplituden bis zu etwa 10γ bei ungefähr 30 sec, wie etwa das Beispiel des Rechteckimpulses (Abb. 40) zeigt. Der Verlauf der Registrierung in dieser Abklingzeit enthält also noch Informationen über die wirkliche Störung im vorhergehenden Zeitintervall. Will man also von der Registrierung auf die wirkliche Störung in einem bestimmten Zeitintervall A schließen, so muß man die Registrierspur außer in diesem Zeitintervall A noch während eines anschließenden Intervalles B beachten, das in seiner Länge der Abklingzeit entspricht. Der Verlauf der Registrierung außerhalb dieses Gesamtintervalles A + B = C ist dann von der interessierenden Störung sicherlich nicht mehr beeinflußt und sagt deshalb seinerseits auch nichts über die wirkliche Störung im interessierenden Intervall A aus. Man kann also außerhalb des in Frage stehenden Zeitintervalles C einen beliebigen Verlauf der Registrierspur annehmen.

Zweckmäßig nimmt man außerhalb von C einen Verlauf an, bei dem die Störung aus dem Intervall C periodisch fortgesetzt wird. Dann kann man den Verlauf der Registrierung durch eine Fourierreihe mit der Grundperiode C darstellen. Allerdings ist hierbei noch folgendes zu beachten:

Das konstante Glied a_o in der Fourierreihe muß wegfallen; die von der Registrierkurve und der 0-Achse begrenzte Fläche muß also oberhalb und unterhalb der Achse gleich groß sein. Diese Forderung besteht, da a_o der Periode $T = \infty$ entspricht, also den konstanten Teil des magnetischen Feldes beschreibt; dieser wird also mit der Empfindlichkeit $\varepsilon = 0$ bewichtet, da das Grenet'sche System nur Schwankungen des Feldes registriert. Geht man von der Registrierung aus und will auf die wirkliche Störung schließen, so ist die Amplitude der Registrierspur mit $\frac{1}{\varepsilon}$ zu multiplizieren. Dies würde für $T = \infty$ mit $\varepsilon = 0$ einen unbestimmten Ausdruck ergeben. Den Fortfall von a_o kann man erreichen, indem man die Registrierung der Störung am Ende des um die Abklingzeit verlängerten Intervalles zunächst durch eine willkürliche Störung der zeitlichen Länge D so fortsetzt, daß die Flächen oberhalb und unterhalb der 0-Linie gleich sind. Physikalisch bedeutet dies, daß die Größe des Feldes am Ende des gesamten Intervalles E = C + D, an das anschließend nunmehr endgültig periodisch fortgesetzt wird, genau so groß ist wie am Anfang. Wenn also die wirkliche Störung ein Anstieg der Feldstärke ist, wie im Beispiel des ssc (Abb. 43), so wird dieser Anstieg durch die mit den Phasenverschiebungen und den Skalenwerten $\frac{1}{\varepsilon}$ bewichtete Fourierreihe im ursprünglichen Intervall A (Zeitraum der wirklichen Störung, also Gesamtintervall E abzüglich der Länge der Abklingzeit B und der Dauer der Zusatzstörung D) beschrieben. Die zusätzlich eingeführte Störung (in den Beispielen gestrichelt gezeichnet) bringt dann die Feldstärke auf den ursprünglichen Wert zurück; dies geschieht in Wirklichkeit vielleicht in Stunden. Hier wird dieser Rückgang in die Dauer der Zusatzstörung gerafft.

Unter Berücksichtigung dieser Forderungen wurden die zu betrachtenden Registrierbeispiele harmonisch analysiert und durch eine Reihe mit 2 mal 25 Koeffizienten a_n, b_n dargestellt. Als Grundperiode wurde hierbei das Grundintervall E (in den Ausschnitten aus den Registrierungen 7 min) gewählt. Dann wurden für jedes n die zugehörige Phasenverschiebung α_n und die Bewichtung der harmonischen Koeffizienten mit $\frac{1}{\varepsilon_n}$ eingerechnet. Die Werte für den Phasenwinkel α_n und die Empfindlichkeit ε_n wurden den Resonanzkurven der Station Göttingen (Abb. 5 und 6) entnommen. Der Verlauf der wahren Störung im Grundintervall E wird dann dargestellt durch

Anhang

$$f(t) = \sum_{n=1}^{25} \frac{a_n}{\varepsilon_n} \cos(nt - \alpha_n) + \frac{b_n}{\varepsilon_n} \sin(nt - \alpha_n) .$$

In den Beispielen ist der Verlauf der Störung in dem interessierenden Zeitintervall A und der Abklingzeit B durch ausgezogene Linien dargestellt. Den wahren Verlauf der Störung zeigt also jeweils in den Abb. 41 - 43 die ausgezogene Kurve im unteren Teil des Bildes, wenn man die letzte halbe Minute, die der Abklingzeit entspricht, nicht mitbetrachtet.

Abb. 40 zeigt den Verlauf einer magnetischen Rechteckstörung, wie sie z. B. bei Schaltvorgängen auftritt und die (berechnete) Aufzeichnung durch die Pulsationsinstrumente. Man sieht, daß der steile Anstieg der Feldstärke zu einem plötzlichen Ausschlag des Galvanometerspiegels führt. Ist dann der Scheitelwert der Feldstärke erreicht, das Feld also auf einem höheren Niveau konstant, so kriecht der Lichtpunkt langsam in die Ruhelage zurück.

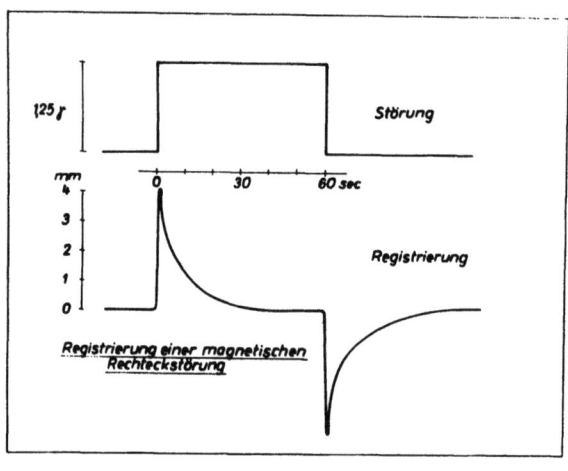

Abb. 40

Die Beispiele der Abb. 41 - 43 vergleichen die Registrierungen der Pulsationsinstrumente mit den wahren Störungsverläufen für pc-artige Schwankungen, einen pt und einen ssc.

Aus diesen und weiteren von <u>Jaeschke</u> [17] untersuchten Beispielen läßt sich entnehmen:

a) Annähernd harmonische Störungen (wie pc's und auch noch pt's) werden in der Aufzeichnung durch die Pulsationsinstrumente ungefähr formgetreu wiedergegeben. Die Perioden werden nicht verändert. Die Amplituden dieser Effekte kann man mit Hilfe der Amplitudenresonanzkurve recht genau bestimmen. Die Phasenverschiebung kann man für eine mittlere Periode aus den Resonanzkurven entnehmen und so genähert berücksichtigen.

b) Ist die Fläche über der Nullinie, die von der Registrierspur begrenzt wird, größer als die Fläche unterhalb der Nullinie, so wird die Feldstärke ansteigen (gilt für T > 15 sec); ist sie kleiner, so wird die Feldstärke absinken. Diese Aussage kann man auch für stark anharmonische Störungen manchen (z. B. für ssc's). Die Größe der Fläche ober- oder unterhalb des Nullniveaus gibt ein Maß für Anstieg oder Abfall der Feldstärke. Die genaue Amplitude kann man ebenso wie die Form der wirklichen Störung aus der Registrierkurve nicht unmittelbar ersehen.

Anhang

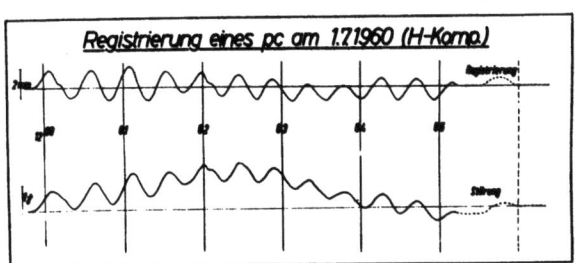

Abb. 41

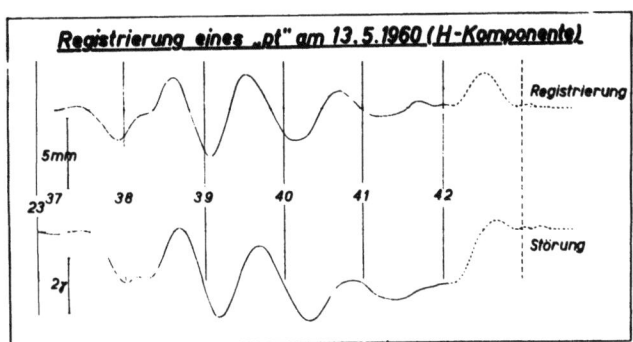

Abb. 42

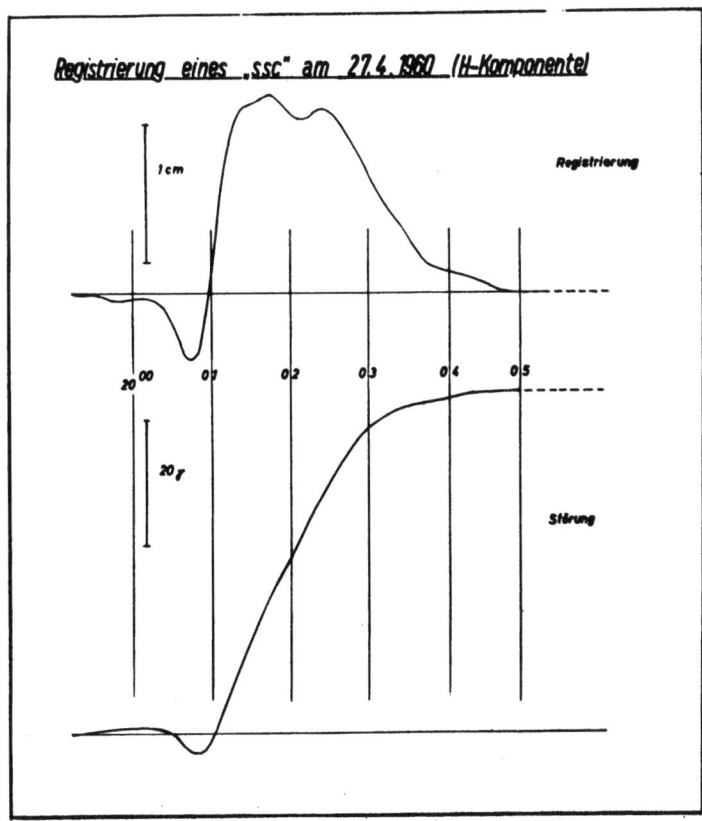

Abb. 43

Verzeichnis der Mitteilungen aus dem Max-Planck-Institut für Physik der Stratosphäre

---

Nr. 1/1953   Über den Beitrag der von μ-Mesonen angestoßenen Elektronen zu den Ultrastrahlungsschauern unter Blei. G. Pfotzer

Nr. 2/1954   Ein Zählrohrkoinzidenzgerät zur Registrierung der kosmischen Ultrastrahlung. A. Ehmert

Eine einfache Methode zur Einstellung und Fixierung des Expansionsverhältnisses von Nebelkammern. G. Pfotzer

Nr. 3/1954   Optische Interferenzen an dünnen, bei -190°C kondensierten Eisschichten. Erich Regener (vergriffen)

Nr. 4/1955   Über die Messung der Temperatur des atmosphärischen Ozons mit Hilfe der Hugins-Banden. H. Zschörner und H. K. Paetzold

Nr. 5/1956   Ein neuer Ausbruch solarer Ultrastrahlung am 23. Februar 1956. A. Ehmert und G. Pfotzer, vergriffen (erschienen Z. Naturforschung 11a, 322, 1956)

Nr. 6/1956   Das Abklingen der solaren Ultrastrahlung beim Ausbruch am 23. Februar 1956 und die geomagnetischen Einfallsbedingungen. A. Ehmert und G. Pfotzer

Nr. 7/1956   Die Impulsverteilung der solaren Ultrastrahlung in der Abklingphase des Strahlungseinbruches am 23. Februar 1956. G. Pfotzer

Nr. 8/1956   Die atmosphärischen Störungen und ihre Anwendung zur Untersuchung der unteren Ionosphäre. K. Revellio

Nr. 9/1956   Solare Ultrastrahlung als Sonde für das Magnetfeld der Erde in großer Entfernung. G. Pfotzer

*

Die vorstehenden Hefte können beim Max-Planck-Institut für Aeronomie, (20b) Lindau über Northeim (Hann.), angefordert werden.

Mitteilungen aus dem Max-Planck-Institut für Aeronomie

Nr. 1 (S) Waibel: Messungen von Primärteilchen der kosmischen Strahlung.

Nr. 2 (S) Erbe: Auswirkung der Variationen der primären kosmischen Strahlung auf die Mesonen- und Nukleonenkomponente am Erdboden.

Nr. 3 (I) Kohl: Bewegung der F-Schicht der Ionosphäre bei erdmagnetischen Bai-Störungen.

Nr. 4 (I) Becker: Tables of ordinary and extraordinary refractive indices, group refractive indices and $h'_{o,x}(f)$- curves or standard ionospheric layer models.

Nr. 5 (S) Schröpl: Über eine Neubestimmung des Absorptionskoeffizienten von Ozon im Ultraviolett bei kleinen Konzentrationen.

Nr. 6 (S) Erbe: Ergebnisse der Ballonaufstiege zu Messung der kosmischen Strahlung in Weissenau und Lindau.

Nr. 7 (S) Meyer: Elektromagnetische Induktion eines vertikalen magnetischen Dipols über einem leitenden homogenen Halbraum.

Nr. 8 (I u. S) Dieminger und Mitarb.: Die geophysikalischen Ereignisse des 12. - 14. November 1960.

Nr. 9 (S) Pfotzer, Ehmert, and Keppler: Time Pattern of Ionizing Radiation in Balloon Altitudes in High Latitudes. Part A, Text; Part B, Figures and Diagrams.

Nr. 10 (S) Waibel: Eine Ballonsonde zur Messung von Röntgenstrahlung und solarer Ultrastrahlung.

Nr. 11 (S) Voelker: Zur Breitenabhängigkeit erdmagnetischer Pulsationen.

Nr. 12 (S) Jaeschke: Registrierung von Pulsationen im südlichen Niedersachsen als Beitrag zur erdmagnetischen Tiefensondierung.

Nr. 13 (S) Meyer: Elektromagnetische Induktion in einem leitenden homogenen Zylinder durch äußere magnetische und elektrische Wechselfelder. (Im Druck).

Veröffentlichungen in Vorbereitung

(I) Dieminger und Mitarb.: Die Ionosonde des Max-Planck-Instituts für Aeronomie.

(I) Umlauft: Die Absorptionsmeß-Sonde des M. P. I. für Aeronomie.

(I) Schwentek: Druckzählgerät zur laufenden Registrierung halbstündiger Häufigkeitsverteilungen von Feldstärken.

(S) Ehmert u. Revellio: Tafeln zur graphischen Auswertung von Wellenformen mit mehrfach reflektierten Strahlungsimpulsen von Blitzen auf Reflexionshöhe und Blitzentfernung.

(S) Ehmert, Erbe, Pfotzer: Beschreibung der Anlagen des Instituts zur Registrierung der Neutronen und der Mesonen im Geophysikalischen Jahr 1957/58.

If you have any concerns about our products,
you can contact us on
ProductSafety@springernature.com

In case Publisher is established outside the EU,
the EU authorized representative is:
**Springer Nature Customer Service Center GmbH
Europaplatz 3, 69115 Heidelberg, Germany**

Printed by Libri Plureos GmbH
in Hamburg, Germany